U0181895

中国人的日子

图说七十二物候

龙建春 著

三千年来
七十二物候里的
中国

北京日报出版社

图书在版编目（CIP）数据

三千年来七十二物候里的中国 ：图说七十二物候 ／
龙建春著. —— 北京 ：北京日报出版社，2021.5
ISBN 978-7-5477-3868-9

Ⅰ．①三… Ⅱ．①龙… Ⅲ．①物候学－普及读物
Ⅳ．①Q142.2-49

中国版本图书馆CIP数据核字(2020)第204255号

三千年来七十二物候里的中国：图说七十二物候

出版发行：北京日报出版社
地　　址：北京市东城区东单三条8-16号东方广场东配楼四层
邮　　编：100005
电　　话：发行部：（010）65255876
　　　　　总编室：（010）65252135
印　　刷：山东临沂新华印刷物流集团有限责任公司
经　　销：各地新华书店
版　　次：2021 年 5 月第 1 版
　　　　　2021 年 5 月第 1 次印刷
开　　本：710 毫米×1000 毫米　1/16
印　　张：21
字　　数：400 千字
定　　价：69.80 元

叶阴迎夏已清和：朱夏四月六候

赤气腾腾日出天：炎夏五月六候

十里荷香杂稻香：暑夏六月六候

玉露金风处暑天：萧秋七月六候

气清天朗属中秋：清秋八月六候

露菊新花一半黄：凉秋九月六候

天街霜露感秋冬：玄冬十月六候

北陆苍茫河海凝：正冬十一月六候

琼芳消歇年华改：严冬十二月六候

绪论

古尚时新的文化历——七十二物候

一

　　二十四节气在中国可以说是妇孺皆知，但是和它相似的七十二候，知道的就很少了！尽管在互联网上（或者由二十四节气引申出七十二候的书籍）可以看到相关的介绍或解读，但往往三言两语，大多既不得其详，又不得其实。近两年也有几本涉及的书：或用日本的七十二花信来配中国的七十二候，但日本七十二候及其花信都与我国有差异，如"樱始开""霎时施"等候，我国没有，立秋的花信我国是红秋葵，日本则是我国仲夏开花的桔梗，这是乱点鸳鸯谱；或把二十四节气与七十二候连在一起解说，结果是二十四节气的叙述洋洋洒洒、头头是道，但一到七十二候要么轻描淡写，要么调侃幽默一下，要么"王顾左右而言他"，这是不太高明的就实避虚。就七十二候本身作切实的记述，作"知其然"并道出"其所以然"的阐述，自古至今，除了宋夏圭《月令图图说》外，似乎还没有这样的著述，最著名的元代吴澄所著《月令七十二候集解》，别开记述、阐述的要求不论，其中还有"天气上升，地气下降"候的无解和"麋角解，说见鹿角解下"不同候之间的循环解之类的缺误。古代七十二候的注疏也有类似的情况。元初陈澔《礼记集说·月令》中对"东风解冻、蛰虫始振、鱼上冰、獭祭鱼、鸿雁来"物候的阐释是："此记寅月之候；振，动也；来，自南而北也；上，上声。"这五个物候，仅解释了"振""来"两个词，标了"上"一个音，到清代纳兰性德作《陈氏礼记集说补正》时，还没有补正。

不同的七十二候的候名哪一个才是与内涵最贴切的，七十二候表征的状态是怎样的，为什么会是这样的状态，每一候真实的内涵是什么，我们今天该如何正确评价七十二候：至少有这些关于七十二候的问题需要我们去探索、发现，然后作出正面而具体明确的回答！这本小册子对这些问题作了初步的回应，请大家耐心细读，并多批评指正。还有，七十二候究竟是部什么样的历法？我的基本结论是：七十二候是一部古尚时新的文化历。

北宋著名文学家黄裳在《赠灵谷山人》诗中说："七十二候承天时，三五一法明天机。"这就揭示了七十二候的核心：以五天的时段为一候，三候就是一节气，六候就是一月，七十二候就是一年。这样一候接一候的承续是时序的递进，也是自然的机密。从时间上讲，一候就相当于今天的周历，六候相当于今天的月历，七十二候就相当于今天的年历。所以，七十二候就是中国上古初创的一部历法。

与一般历法不同的是，七十二候是以物候为标识的历法。物候是自然环境中动植物生命活动的季节性现象和在一年中特定时间出现的某些气象、水文现象的特征。七十二候的物候就是由动植物和某些气象、水文现象组成的，三类具体情况如下。

其一，植物物候，又称为"作物物候"，如各种植物发芽、展叶、开花、叶变色、落叶等现象，农作物生育期中的物候现象等，共十四候，占总候数的 19.4%：草木萌动、荔挺出、萍始生、王瓜生、半夏生、苦菜秀、桃始华、桐始华、菊有黄华、农乃登谷（谷物熟了）、麦秋至（麦子熟了）、草木黄落、靡草死、腐草为萤（也可归入动物类）。

其二，动物物候，如候鸟、昆虫及其他动物的迁徙、初鸣、终鸣、冬眠等现象，共三十九候，占总候数的 54.2%：元鸟至、元鸟归、雁北归、鸿雁来、鸿雁来宾、雁北乡、鹰化为鸠、鹰乃祭鸟、鹰乃学习、征鸟厉疾、雏雏、雉入大水为蜃、雀入大水为蛤、仓庚鸣、鸣鸠拂其羽、鵙始鸣、反舌无声、鹗旦不鸣、鹊始巢、戴胜降于桑、群鸟养羞、鸡始乳等禽鸟，鹿角解、麋角解、虎始交、豺乃祭兽、獭祭鱼、田鼠化为鴽等走兽，蛰虫始振、蛰虫坏户、蛰虫咸俯、蚯蚓出、蚯蚓结、寒蝉鸣、蜩始鸣、蝼蝈鸣、蟋蟀居壁、螳螂生、鱼陟负冰等虫鱼。

其三，各种水文、气象现象，如初霜、终霜、结冰、消融、初雪、终雪等自然现象，共十九候，占总候数的 26.4%：水始涸、水始冰、水泉动、水泽腹坚、土润溽暑、天地始肃、地始冻、闭塞而成冬、雷乃发声、雷始收声、始电、虹始见、虹藏不见、天气上腾地气下降、凉风至、温风至、大雨时行、白露降、东风解冻。

细心的读者可能发现，七十二候中与禽鸟有关的较多，确实如此，与禽鸟有关的多达二十二候，超过了植物和水文、气象两类各自的总量，占总候数的 30.6%，几近 1/3。为什么会这样呢？这是因为一年四季都有禽鸟，而且来往于天地之间，最易引起人们的关注，所以很早就有"鸟鸣报农时"之谚。南宋陆游《鸟啼》诗云："野人无历日，鸟啼知四时。二月闻子规，春耕不可迟。三月闻黄鹂，幼妇悯蚕饥。四月鸣布谷，家家蚕上簇。五月鸣鸦舅，苗稚忧草茂。"单是禽鸟的这一"鸣"，四时的次第就清晰地展示，各种农事也就依次而行！

七十二候全部是物候，是典型的物候历，然而它的内涵又不仅仅是物候。首先，它涉及植物、动物和水文、气象的相关知识和文化："桃始华"除了大家最熟悉的"桃汛"（桃花水）、桃符、桃花运之外，还有象征着家庭兴旺和幸福的"桃之夭夭"，世外乐土标志的"桃花源"，赞誉人才和人品的"桃李"，等等；"元鸟至"有传达惜春之情的"春燕"，表现爱情的美好、传达思念情人之切的"燕燕"，幽诉离情之苦的"劳燕"，等等；"虹始见"，除了气象学的文化意义外，它在远古时期就是虹信仰，稍后就是图腾，后来又产生了丰富的占卜文化。七十二候中的每一候都具有各自独特的中华文化特质。

其次，就七十二候总体而言，它也具有丰富多样的相关文化，请看最早定型的《逸周书·时训解》的分类记述。一是气象文化，它包括发生在天空里的风、云、雨、雪、霜、露、虹、晕、电、雷等一切大气的物理现象，影响人类活动瞬间气象特点的综合状况的天气，最终指向气候，如"农不登谷，暖气为灾""蝼蝈不鸣，水潦淫漫""桐不华，岁有大寒"等，暖气、洪涝、严寒就是气候。二是安排农事，这是农业文化的主要部分，如"菊无黄华，土不稼穑""腐草不化为萤，谷实鲜落""爵不入大水，失时之极""水不始涸，甲虫为害"，等等。农业耕作的终极目标是保证有丰满的、不会夭折的"谷实"，但"谷实"的关键取决于播收适时，尤其要注意避免病虫害的侵扰，这都抓住了农耕文化的"牛鼻子"。三是"民以食为天"，农耕的"谷实"保住了人们的肚子，实质上保证了人类的生存和发展，也为社会的发展和完善提供了坚实的基础。《逸周书·时训解》用反证来展示如果农耕的"谷实"不足或者缺失，那么国家就会出现一系列的社会问题："蛰虫不坏户，民靡有赖""蛰虫不咸附，民多流亡""玄鸟不归，室家离散"。没有足够的"谷实"，人们就失去了生活的依靠，就会流离失所，流离失所就容易导致家破人亡；还可能雪上加霜，出现"獭不祭鱼，国多盗贼""靡草不死，国纵盗贼"这样有亡国之危的境地……这样的国家就会在国内造成"鸿雁不来，小民不服""雁不北向，民不怀主"的结果，在国际上也就必然是"鸿雁不来，远人不服""鸿雁不来，远人背畔（叛）"。

如果在保证"谷实"充足的前提下，国家和社会如何才能够做到国泰民安呢？《逸周书·时训解》提出两手抓的策略：国家治理采用恩威并施的措施，"始电，君无威震""凉风不至，国无严政"，树立君威，确立严政，同时又要"戴胜不降于桑，政教不中""大雨不时行，国无恩泽"，加强教化，补施惠政，这是第一抓手；社会整顿则重在妇女的纯正，不能出现"不闭塞而成冬，母后淫佚"，如果母仪天下的王后（或皇后）淫荡，那么"雉不入大水，国多淫妇"，而且整个国家就会充斥"鸡不始乳，淫女乱男"，所以要力排淫佚，端正社会风气，这是第二抓手。

《逸周书·时训解》成书于春秋战国之际，因而也特别倾向于军事，如提出不能解除军队，即"鸷鸟不厉，国不除兵""麋角不解，兵甲不藏"；还要清理盗贼土匪，即"鹰不学习，不备戎盗"；在军队的管理上提倡军队内部上下团结，即"虎不始交，将帅不和"。

在今天看来，这些解说不是风马牛不相及，就是莫名其妙的！确实，从物候与所关联的文化事项来看，除了与农耕有明确感受到的关联外，其他的几乎没有必然的关系。但问题不在于两者之间是否关联本身，而是我们由此可以看出古人当时以及后来最在乎的是什么。这就要求我们今天在审读并把握七十二候时，不能仅仅把它看作是一部物候历，它需要我们从更多的方面去认识、把握。七十二候除了水文、气象、农耕、动物、植物的知识及其文化外，还包含了政体、军事、伦理、民俗等社会知识及其文化，这种知识和文化还深深影响了人们的工作和生活。基于此，我们可以毫不夸张地说，七十二候就是一部精神文化和物质文化兼备的文化历！

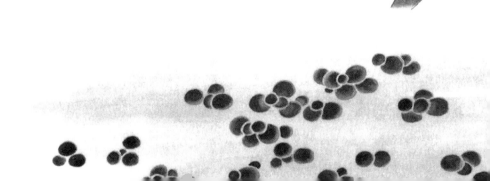

二

正因为七十二候是一部精神文化和物质文化兼备的文化历，所以从它一诞生就受到了推崇。

与推崇相关，首先提一个目前似乎觉得没有标准答案的问题：二十四节气和七十二候究竟哪一个产生得更早？这个问题从南北朝开始就有分歧。清代曹仁虎（1731—1787）在《七十二候考》中说道："观象授时，起于上古。自炎帝分八节以始农功，少皞有分至启闭之官，颛顼命南正重司天，尧有羲和之命。大约由四时分八节，由八节分二十四气，由二十四气分七十二候，立法盖渐密也。"时节创建的时序，最初是由炎帝（约前2737—约前2670）创立八节（立春、春分、立夏、夏至、立秋、秋分、立冬、冬至），然后经少昊（约前2422—约前2322）、颛顼（zhuānxū，约前2342—约前2245），到尧帝时（前2188—前2089）基本完成；时节确立的次第则是："由四时（春、夏、秋、冬）分八节，由八节分二十四气，由二十四气分七十二候"，可见曹仁虎考定的结论是二十四气在七十二候之前，实际就是由明代戴庭槐（1573—1620）的"一岁之间，七十二候即二十四气也；二十四气即一十二月也"（《革节卮言·气候总论》）顺推而成。清代陈梦雷（1650—1741）主编的《钦定古今图书集成·岁功总部》提到："周武王克商，改用子正，仍以夏时定四时中气及七十二候，以纪政授时。"这种认为二十四气在七十二候之前的结论，至今仍然是主导。旧题北魏关朗（约439—约499）撰、唐赵蕤（659—742）注的《关氏易传》则相反："阴阳三五：一五而变七十二候，二五而变三十六旬，三五而变二十四气。"确认七十二候在二十四气之前。七十二候在二十四气之前的结论，虽然赞同的人数不是很多，但真理不是以人数的多寡决定的，两相比较，七十二候在二十四气之前更为科学，理由如下。

第一，人认识事物的规律是由眼前具象延伸到遥远抽象而得到的，对时节的认识也不例外。陈久金先生在《中国古代的天文与历法》中说："也许在文字产生以前，人们就知道利用植物的生长和动物的行踪情况来判断季节，这是早期农业生产所必备的知识。任何一个民族，其发展的最初阶段都要经历物候授时过程，甚至到本世纪50年代，中国一些少数民族地区还通行这种习俗。"任何民族对时节的认识，都是从物候开始的，即便是到了20世纪50年代，中国一些少数民族地区还通行这种习俗。二十四节气虽有"寒露""大雪"等物候，但"立春""清明""夏至""秋分"就不是纯粹的物候了，因为它需要从观察"物候"入手，就是根据观察自然界生物和非生物对节气、气候变化的反应现象，再辅以天象甚至仪器等，从而掌握节气气候特征，所以二十四节气不可能先于七十二候。

第二，气象历史的实际也表明七十二候在前。气象史学家谢世俊在《中国古代气象史稿》中说，远古传说的神农时代，"这时人们判断春夏秋冬的季节变化，主要是靠物候观测，如草木萌发、花开花落、昆虫蛰伏、候鸟迁飞等。关于用植物物候掌握季节的事，后来人们还把它理想化为蓂荚、历草……根据太阳从哪座山头升起，哪座山头落下，来判断季节和月份。那时没有节气知识，却知道这样确定播种期"。少数民族也不例外，南朝宋范晔（398—445）《后汉书·乌桓鲜卑传》记载："见鸟兽孕乳，以别四节。"宋代孟琪（1194—1246）《蒙鞑备录》说："其俗每以草一青为一岁。人问其岁，则曰'几草矣'。"

第三，从古代文献记载的传承看，曹仁虎也认为："候应之义，互见于《夏小正》诸书，尚未明分为七十二候。《小正》于时令之书，最为近古，唐志以为羲和遗迹，其书具十二月而无中气，有候应而无日数，不必每月六候，每五日为一候也。"《夏小正》是最早而且也是"最为近古"的物候历。据陈梦雷《钦定古今图书集成·岁功总部》可知，周武王定周之后，历法时节除了把岁首一月改在子月（即夏历的十一月）外，其余则"仍以夏时定四时中气及七十二候，以纪政授时"。东汉著名经学家郑玄说："得夏四时之书也，其书存者有《小正》。"（《礼记注·礼运》）《夏小正》（或作《夏时》）如同《夏书》《夏令》《夏训》《夏谚》《夏箴》等一样属于夏代（约前2070—约前1600）的文献。日本气象学家能田忠亮在《〈夏小正〉星象论》得出的结论是：《夏小正》中的大部分天象属于公元前2000年前后。中国天文学家陈遵妫的《中国天文学史》也论定《夏小正》"其中一部分确信是夏代流传下来的"（指《夏小正》的经文），并总结了它的特点："它根据天象、物候、草木、鸟兽等天然现象，定季节、月份，还记有各月昏旦伏见南中的星象，并指明了初昏斗柄方向和时令的关系。"这种延续也体现在文献记载上，周代有《诗经·豳风·七月》（约前1547—约前1529）、《逸周书·时训解》（约前841—约前476），此后又有《吕氏春秋·十二月纪》（前305—前235）、《淮南子·时则训》（前179—前122）、《礼记·月令》（前99—前23）、《易纬通卦验》（前90—前20）等传承，不过在传承的过程中又加以补充和完善。从所记物候的数量看，《夏小正》六十候、《逸周书·时训解》

和《淮南子·时则训》七十二候、《吕氏春秋·十二月纪》七十四候、《礼记·月令》八十候、《易纬通卦验》八十三候，物候数六十至八十三之间，但主要是七十二候。从二十四节气与七十二候的结合看，《夏小正》经文没有二十四节气，只有卢弼"陨麋角"注有"日冬至，阳气至"一句近似。最早将二十四节气完整与七十二候结合在一起的是《逸周书·时训解》，有了这样把七十二候分置于一季三月六节气之中的结合形式，人们才误以为时节的次第也如此，所以二十四节气先于七十二候的误会就这样产生了。

同《逸周书·时训解》晚于并相承于《夏小正》一样，二十四节气也是晚于并相承于七十二候的。由于《逸周书·时训解》一三六式的结合，季、月、节气与候就紧密相连，这势必导致古代无论是推崇四季、月令，还是二十四节气，实际也就是对七十二候的推崇（这也是我为什么重点讨论二十四节气和七十二候究竟谁先谁后的原因）。这种连带式推崇撇开不论，七十二候也受到自身特有的推崇。首先，它是一部多功能的历法。前面谈到的它的文化内涵就告诉我们，七十二候是古代农事、政事的行事历，如谷始、种冬瓜、树杨、封四渎、定准直、帝藉田、后妃献茧、断薄刑、修祭典等；也是官方民间开展各种文化活动的活动历，如庆太平、观灯山、云开节、郊祭、送穷、村歌社舞等；还是人们饮食、养生的时间表，如做春酒、做龙舌粖（bǎn，用鼠麹草汁、蜜和粉做成的饼）、收桃花片、服井华水、沐浴、聚蓄百药、辟百虫，等等。其次，它除了是历法、时令、典制的经典外，如最典型而常见的大小戴《礼记》，还被载入官私重要典籍，除已经提到的《吕氏春秋》等外，官修的如《隋志》《北魏志》《金史志》等，私撰的如宋代章俊卿（约1068—约1237）的《山堂考索》、清代黄鼎（1660—1730）的《天文大成管窥辑要》等。而且，自唐以来，它还被列入古代重要的科考题目，留下来不少优秀的试卷名作，仅唐代就有王起《蛰虫始振赋》《履霜坚冰至赋》，陆环《水始冰赋》，陈仲师《鹊始巢赋》，齐映的《冬日可爱赋》，实际也是物候赋；宋代秦观、明代程敏政等都有应考佳作流传至今；清代蒙古族学者、诗人延清作有《七十二候试律诗》诗集。受到推崇的最后一点就是，无论帝王还是文人雅士、平民百姓，都有关于它的著述

吟颂：帝王如唐太宗关于"大雨时行"的《咏雨》，清乾隆帝很关注"蜩始鸣"，竟然写了三首《赋得五月鸣蜩》；文人雅士作品如元吴澄《月令七十二候集解》、明顾德基《咏七十二候诗》、清叶志诜《月令七十二候赞》、清马国翰《月令七十二候诗》等；平民之作如佚名的《阴生长口诀》《十二月七十二候歌》等。除了诗文之外，明代著名金石篆刻艺术家、徽派篆刻创始人何震还有镌刻名作《七十二候印谱》。

七十二候传入日本后，也同样受到推崇，最著名的是由巨势小石绘图并刊行的山本绣夫诗、山本溪愚（章夫）评《七十二候名花画帖》《七十二候名花诗并评》，其次还有春木焕光《七十二候鸟兽虫鱼草木略解》、颁历商社《七十二候略历》、佐藤中陵《七十二候新撰》、久佐道允刊行的《七十二候钞》等，樋口勇夫还编有《七十二候印存》。

<h1 style="text-align:center">三</h1>

七十二候一诞生就受到了重视并得到广泛推崇，同时也得到不断的刷新并完善，这就是"时新"。

古代的"时新"主要体现在物候数量的改换、增删、注疏等对内涵的传述和新解等，限于篇幅不作述论。本书对各候内涵都作了准确、具体的阐释，如唐代李复言《续玄怪录》提出的既相信又怀疑的问题："洪炉变化，物固有之。雀为蛤，蛇为雉，雉为鸽，鸠为鹰，田鼠为鴽，腐草为萤，人为虎、为猿、为鱼、为鳖之类，史传不绝。为乌之说，岂敢深讶！然乌群之来，数皆数十，何以认君之身而加敬乎？"其中"雀为蛤、鸠为鹰、田鼠为鴽、腐草为萤"都在七十二候中，这究竟是怎么回事，是荒谬还是有一定的科学成分，该如何评价？再如七十二候所占比重最高的禽鸟类中的雁，在七十二候中占了四候，这是人们非常熟悉的候鸟，因而对正月第五候"鸿雁来"的解读通常也就是"大雁开始从南方飞回北方"，似乎很通俗、明确，其实没有这么简单。凡涉及雁的物候，对它内涵的解说大致还包括这些问题需要阐释：雁究竟是所有雁还是部分雁？无论是所有还是部分，具体包括哪些雁？雁两次北归、两次南下，那北归和南下的起点和终点一般在哪儿？北归和南下的具体线路是怎样的？雁为什么一定要做这样遥远、艰辛的迁飞……又如"獭祭鱼、鹰乃祭鸟、豺乃祭兽"的"祭"究竟是什么意思？"祭"的具体情境是怎样的？"温风至"和"凉风至"，"水始冰"和"地始冻"，它们有何异同？具体状态是怎样的？有什么关联……诸如此类的问题比比皆是，敬请读者阅读相关物候，就会得到具体的解答。

但为了减少频繁而枯燥的考订，候名名称的选择和确立、新增花信这两个问题在本书具体阐述中没有涉及，在此需要简要说明。

候名名称的选择、调整和确立。吴澄在辨析"王瓜生"时说："先儒当时如不检书而谩言者，可笑！"不多看书而臆断，是可笑的，但是孟老夫子还说过："尽信书不如无书。"候名名称的选择和确立除了文献考证外，还需要有现实印证。候名也有所调整，基本是从多个候名中选一个最适合、最恰当的，如七十候（严冬十二月第四候），《月令》《易纬通卦验》《唐月令》《月令七十二候集解》等都作"鸡乳"，《逸周书·时训解》作"鸡始乳"，《夏小正》作"鸡桴粥"（桴同"伏"，粥是养育的意思），《淮南子》作"鸡呼卵"（"呼"同"孵"），古人把母鸡抱窝都安置在十二月、正月这两个月，因此有了"鸡始乳"和"鸡乳"。宋代画家夏珪《月令图图说》对"鸡始乳"的解释是："抱其卵而善伏，犹且未孚，故曰'始乳'。"母鸡此时是开始出现有抱鸡蛋、喜伏窝的表现，但是还没有真正抱窝，所以才说"始乳"。简单归纳成一句话就是：母鸡开始抱窝了。"鸡乳"是已经抱窝了，所以《月令》《通典》（十二月阳气上通，雉雊、鸡乳）等有"鸡乳"，"鸡乳"在"鸡始乳"后十天左右。这也符合七十二候蛰虫始振、桃始华、虹始见、蜩始鸣等候名命名规则。再如第十候（盛春二月第四候）和第四十四候（清秋八月第二候）的候应物燕子，尽管《逸周书·时训解》《月令》都作"玄鸟"，主要依据燕子的体羽是黑色，还可能根据《山海经》所记述的"玄鸟"——这种鸟因为是生长于黑水，所以被染黑了，被染黑的还有玄蛇、玄豹、玄虎、玄狐等；这种鸟的初始形象也类似燕子，但体羽是黑色的鸟还有鹤、乌鸦、八哥、黑雁等。不过，燕子的体羽除黑色外，还有金属质的蓝色、绿色、灰褐色，中国常见的楼燕就是通体烟褐色；还有紫色的紫燕：如庾信"柳谷未开，翻逢紫燕；临源犹远，忽见桃花"（《谢赉马启》），李白"回头笑紫燕，但觉尔辈愚"（《天马歌》），杨凝"绿窗孤寝难成寐，紫燕双飞似弄人"（《春怨诗》）等；甚至于白色的白燕，"有白燕巢庭树"（《南史·马枢传》），"元年七月有白燕集于齐郡，游翔庭宇"（《宋元嘉起居注》），权德舆"青乌灵兆久，白燕瑞书频"（《大行皇太后挽歌词三首》），等等。相对而言，"元鸟"作为燕子的别称比较单纯而固定。相传周师旷而实际是唐宋间人所定的《禽经·爱类水行·元鸟》注则说："元鸟，燕也。朝奇而暮偶，爱其类也。"所以汉代《易纬通卦验》、唐代《唐月令》、元代吴澄《月令七十二候集解》等，都用"元鸟"，清代潘荣陛《帝京岁时纪胜·二月·时品》也是元鸟和燕子互用："元鸟至，则高堂画栋衔泥结草以居。至秋社，城村燕各将其雏于采育东土阜，名聚燕台，呢喃竟二日而后去。"调整最重要的是新改，五候（肇春正月第五候）《逸周书·时训解》《月令》《唐月令》等都作"鸿雁来"，《吕氏春秋》《易纬通卦验》《淮南子》《月令七十二候集解》等都作"候雁北"，我改为"雁北归（次北归）"，避免了与第四十三候（清秋八月第一候）"鸿雁来"的重复和无解，将"鸿雁""候雁""雁"统一为"雁"，避免了"雁"与"鸿雁""候雁"类属交叉的逻辑错误，更重要的是，将"来"改为"归"符合七十二候为黄河流域制定的实际情况。

新增花信。南唐徐锴（920—974）在他的《岁时广记·春日》（或作《岁时记》，原书已失佚）中最早提到花信，但用的词是"花信风"，可能是据武则天《臣轨·诚信章》中"天行不信则不能成岁，地行不信则草木不大。春之德风，风不信则其花不成"（现在广泛讹传这话出自《吕氏春秋》）这话而来的，指的是催开百花绽放的春风，所以指的是风信而不是花信。南宋程大昌（1123—1195）在《演繁露》中才补充说："花信风：三月花开时风，名花信风。初而泛观，则似谓此风来报花之消息耳。"但以花信为本的花信可能始于北宋创立前后，胡仔（1110—1170）在《苕溪渔隐丛话》中援引了他稍前的孙宗鉴《东皋杂录》（孙宗鉴生平不详，原书也已遗失）中的话："江南自初春至初夏，五日一番风候，谓之花信风。梅花风最先，楝花风最后，凡二十四番，以为寒绝也。后唐人诗云：'楝花开后风光好，梅子黄时雨意浓。'"（这话南宋陈元靓在《岁时广记·春》中再次引用）虽说的是

"风候"，但"梅花风最先，楝花风最后"的"二十四番"花信风则是指花信本身了，而不是风。然而，除了梅花、楝花两花外，剩下的二十二花却没有明确，直到明代，布衣博物学家王逵才在《蠡海集·花信风》明确："世所言始于梅花，终于楝花也。详而言之，小寒之一候梅花，二候山茶，三候水仙。大寒之一候瑞香，二候兰花，三候山矾。立春之一候迎春，二候樱桃，三候望春。雨水之一候菜花，二候杏花，三候李花。惊蛰之一候桃花，二候棣棠，三候蔷薇。春分之一候海棠，二候梨花，三候木兰。清明之一候桐花，二候麦花，三候柳花。谷雨之一候牡丹，二候酴醾，三候楝花。花竟则立夏矣。"这就是广为人知的"二十四番花信风"，但是古代的七十二候文献中是没有配花信的，因而也就没有七十二候花信。

七十二候不配花信或许因为其中已经有了桃始华、萍始生、桐始华，但这还是不够的，毕竟"花木管时令"，如果给七十二候配上花信，就能够提高七十二候的时节特征，更有利于各候的辨别，更好地在花卉中体味生产、生活的美好。看唐代大诗人白居易的《春风》："春风先发苑中梅，樱杏桃梨次第开。荠花榆荚深村里，亦道春风为我来。"时节、生产、生活，就随梅、樱、杏、桃、梨、荠花、榆荚等次第开放，也同步愉悦地展开，多好啊！

给七十二候配花信又谈何容易！明代著名学者、诗人杨慎（1488—1559）感叹道：二十四番花信风"鹅儿、木兰、李花、㮮花、桤花、桐花、金樱、黄芳、楝花、荷花、槟榔、蔓罗、菱花、木槿、桂花、芦花、兰花、蓼花、桃花、枇杷、梅花、水仙、山茶、瑞香。其名俱存，然难以配四时十二月，姑存其旧，盖通一岁言也"（《丹铅总录》）。"配四时十二月"尚且为难，何况要配七十二候！为了准确、贴切地配，我还自定了以下四条花信选取和确定的原则。

第一，产地以中国原产为主兼及古代引进的品种。所选花卉主体是杏花、瑞香、海棠、樱桃、泡桐、野蔷薇、迎夏、合欢等国产，突出中国原产，也就是确定七十二候的中国籍，但也选取了如曹魏时期从地中海引种的迷迭香等在古代早期就已经引进的品种，作为补充。

第二，典型而且有代表性，即生长地域多、分布范围宽的。花卉生长的地域有多有少，分布的范围有宽有窄，如卷花丹仅生存在海南岛，万年春仅生长于甘肃的徽县、成县、迭部三地，还有更小、更窄的，如白灵山红山茶仅生存在四川盐边县国胜乡，肥根兰仅生存在香港的新界，这显然既不在华北和华中，也没有代表性，自然不在选取之列。

首选当然是全国各地都有的，如迎春、无患子、紫苏、紫菊等；其次是以七十二候原生地山西所处的华北和华中为主，兼顾华南、华东、西北、西南，如国槐，全国各地都有，以华北、华中较集中。范围最窄也要华北和华中各居其一，分布的省区在十个左右。

第三，花期以中国科学院中国植物志编辑委员会主编的《中国植物志》为主，兼及当今的物候记录和花圃的栽培实践。大家知道花期深受温度和光照的影响：温度是影响植物细胞分裂的主要因素，低温会降低酶的活性，导致植物开花延迟；光照是植物进行光合作用的必要条件之一，制造有机物，既可以为开花结果提供养分，又能将养分储存在果实中。正因为如此，同一种花不同地域的花期不完全相同，甚至相差较远，白居易"人间四月芳菲尽，山寺桃花始盛开"（《大林寺桃花》）的名句就是最好的例证——江西庐山大林寺的桃花比其他地方的桃花，要晚开约一个月。为了平衡主要的差异，所以花期尽可能采用《中国植物志》确定的花期，如入选的瑞香，王逵把它作十二月大寒的第一候，明代屠本畯《瓶史月表》和程羽文《花历》把它列为正月，但《中国植物志》确定它的花期是二月（公历3月至5月），所以我把它作二月三候"鹰化为鸠"的花信。另如迎春花（也叫迎春、黄素馨、金腰带），《中国植物志》确定它的花期是五月（公历6月），但明代的《花疏》《花历》把它定为正月；河南洛阳、陕西西安、湖南长沙、湖北武汉、江西赣县、江苏扬州、四川万县等地的物候记录显示，迎春花的花期在一月（公历2月，河北保定是公历3月），稍晚一点的山东文登、北京则在公历3月（北京潭柘寺在3月末至4月中旬举办"二乔玉兰观赏季"，就包括迎春），在这样的情况下，我根据古今文献和物候记录以及实际情况等，把它选作七十二候和春季的第一候——"东风解冻"的花信，《花疏》也推定"迎春花虽草本，最先点缀春色"。

第四，解说以生物属性为主，兼顾相关文化。花期是花卉的生物属性，是决定花信的第一要素，所以必须重点解说，但七十二候是文化历，那么与之相配的花信也就不能忽视花卉自身及其相关文化的解说。"雁北乡（首北归）"的花信梅花，在解说完生物属性后，解说它的观赏价值、经济价值、食用价值以及艺术文化（梅诗文、绘画、音乐等）等，并因此突出梅花是中国十大名花之首，与兰花、竹子、菊花一起被列为"四君子"，与松、竹并称为"岁寒三友"等，点出其在花文化中的独特地位，还揭示了梅花在中国传统文化中代表的高洁、坚强、谦虚的品格，给人以立志奋发的激励。

宋代学者、诗人苏颂说："大凡物有异类同名甚多，不可不辨也。"（《本草图经》）所选花信的花卉有不少拥有别名，如"蛰虫始振"的花信点地梅，就有佛顶珠、地胡椒、五岳朝天、小虎耳草、白花草、索河花、五朵云、喉癣草、喉蛾草、喉咙草、清明花、白花珍珠草、五角星草、天星草、天吊冬顶珠草、仙牛桃、金牛草等别名，列出这些别名并非炫弄学问，而是能够更多、更全面、更好地把握花卉的特征及其花信特性：别名使人明白它生存的地域有哪些，江苏、浙江称它为喉咙草，云南称天星草；使人更容易把握它的生物特性，佛顶珠、五岳朝天、五朵云、白花草、五角星草等就突出了它的花型、花色……物候也有这样的情况，如炎夏五月第六候"半夏生"的"半夏"，它的正名就表明了它生出的时间是夏至日前后，另有三叶半夏（山西、河南、广西）、三步跳（湖北、四川、贵州、云南）、麻芋果（贵州）、田里心、无心菜、老鸦眼、老鸦芋头（山东）、燕子尾、地慈姑、球半夏、尖叶半夏（广西）、老黄咀、老和尚扣、野芋头、老鸦头、地星（江苏）、三步魂、麻芋子（四川）、小天老星、药狗丹（东北、华北）、三叶头草、三棱草（上海）、洋犁头、小天南星（福建）、扣子莲、生半夏、土半夏、野半夏（江西）、半子、三片叶、三开花、三角草、三兴草（甘肃）、地文、和姑、守田（古称）、地珠半夏（云南）等三十七个别名，也从不同侧面展示了花卉的种种特征和特性。

　　要陈述并论证七十二候就离不开动植物和天气，有关动植物的内容，本书主要参考中国科学院中国植物志编辑委员会主编的《中国植物志》和中国科学院中国动物志编辑委员会主编的《中国动物志》；本书有关天气的数据主要采自"天气网（https://www.tianqi.com）"。限于篇幅，鉴于体例，并避免烦琐、累赘，因而没有用随文一一标注，特此申明并致谢忱。

　　"玄机不疾还自速，七十二候年年足"（明·黄衷），每年都有七十二候，我们就必须认真面对，好好探索、了解并进一步把握它！阅读本书就是起点。

　　"兰唇笑红草心喜，七十二番芳候始"（宋·周密），但愿尊敬的读者能够在充满鸟语花香的七十二候中，获得诗情画意般的感受！

黑湘遗民

2020 年 10 月 19 日凌晨于浙东守拙斋

淑气初衔梅色浅

肇春正月六候

一千二百多年以前，唐德宗李适（kuò）在立春游苑迎春时写道："淑气初衔梅色浅，条风半拂柳墙新。"诗句中"淑气""条风"和"梅"都是物候，"梅"即在正月次第绽放的点地梅、红梅和绿梅。

那么"淑气""条风"是什么呢？宋代韩琦诗解"淑气"说"天幕沉沉淑气温"（《次韵和子渊学士春雨》），天象阴暗，但地气温和，所以"淑气"就是天地间的温和之气。正月中原地区基本在 -1—7 摄氏度之间，相对于十二月 -2—6 摄氏度而言，高、低温虽然都只提升了 1 摄氏度，但经冬一月，这种提升还是可以感觉到的，尤其是下半月，气温提升就比较明显了，黄淮平原日平均气温已达 3 摄氏度左右，江南平均气温在 5 摄氏度上下，华南气温在 10 摄氏度以上。"日行北陆谓之冬"，冬天的"凝阴尽"（《后汉书·律历志下》）了，新春的淑气来了，这就使人有"北陆凝阴尽，千门淑气新"（宋·王曾《立春帖子》）的真切实在的感受！司马迁在《史记·律书》中对"条风"有经典的诠释："条风居东北，主出万物。条之言条治万物而出之，故曰条风。"冬春之际，从东北刮过来的风就是条风，《博雅·八风》则径直称"东北条风"；这种风促使万物次第生长出来，明代杨慎因而也说："春曰条风，言风所拂，津叶润茎，嘘枯吹生。"经冬枯靡植物，在新春的东北风吹拂下，茎叶润津，滋滋生长。

"淑气"和"条风"既同是应时物候，也互为因果，相辅相成：宋诗人朱淑真的诗句"黄钟应律好风催，阴伏阳升淑气回"，说的就是这两个物候都是应如音乐般的"阴伏阳升"节律而回旋。"淑气"和"条风"相辅相成，就有了"青阳初入律，淑气应春风。始辨梅花里，俄分柳色中"（唐·柳道伦《赋得春风扇微和》），在鹅黄的"柳色"中，在红白相映的"梅花"里，人们惊喜地欢呼："春天开始了！"

拥有"淑气"和"条风"的正月，因为"春气肇分，万类滋荣"（隋·佚名《绍兴朝日·其四》），所以具有"岁肇春宗"的特殊地位，被尊称为"肇春"，既是春天的开始，也是一年的开端。

在肇春正月中次第发生的六候是：东风解冻、蛰虫始振、鱼陟负冰、獭祭鱼、雁北归、草木萌动。

人们感觉气候往往从日月、风雨、冰霜等自然现象开始，其中对风的感觉和尊崇更为明显。在古人看来，风根植于"中央土气"，并"以时至则阴阳变化"的规律和原理生成，如《易纬通卦验》就有"立春条风至，春分明庶风（东风）至；立夏清明风（东南风）至，夏至景风（南风）至；立秋凉风（西南风）至，秋分阊阖风（西风）至；立冬不周风（西北风）至，冬至广莫风（北风）至"的记述，得出了"万物得以育生"的结论，进而形成了对风"乐养万物"品性的尊崇。在经历冰天雪地的严冬时，不觉一丝丝暖融融的风，从东北或东边吹来，出门一看，雪开始化了，冰开始融了，年复一年，大致如此。因而古人就把这个发现的物候，确定为"肇春"和七十二候的第一候，命名为"东风解冻"。

可能因为是首候，自六朝以后的文人学士都对它颇为重视，历代朝廷及帝王（如清乾隆帝）也颇为关注，"东风解冻"还进入了科举考试，唐代徐寅（也称徐黄）、宋代秦观、明代程敏政等都有佳作流传至今。

试举唐代韦充《东风解冻赋》（以立春之日冰冻销释为韵）为例。赋的开篇先破题："三阳布，万物新；摄提建月，勾芒御辰。惟东风之解冻，明下土而知春。"正月为泰卦（䷊），卦象是坤上乾下，就是由三阴爻的坤卦和三阳爻的乾卦组成。虽然属阴的坤卦在上，但是属阳的乾卦则已在下腾起，表明了"阴消阳长"之意，具有"吉亨"的气象，这就是"三阳布，万物新"（阳气散发，万物即将更新）的原理，"东风解冻"就是这一原理所产生的吉象，在推原物理中破题，确实不凡。

接下来承题描述东风解冻的情景，或"积习习之淑

风人春德

一候东风解冻

花信：迎春花

以立春日清晨，煮白芷、桃皮、青木香三汤沐浴，吉。

《云笈七签》

宋·夏圭（传）《月令图·东风解冻》

气，散峨峨之素质"（挟温婉的淑气，不停地吹散高高累积的雪花），或"飘然既至，飒尔攸兴，潜融积溜，暗断轻冰"（有时飘然而来，有时飒爽而至，潜融默化那些薄冰厚凌），或"鼓怒斯至，徘徊遽飘，圆折之时，初疑破镜"（怒气冲冲而来，咆哮狂吹，冰凌断裂之声如破镜一般，令人惊疑不止）……种种"解冻"如在眼前。

雪散冰消之后，"乘新律，度晴川，经暖日"，"晴流渐泮，丽景初驰"，最后以"天地既春，欣荣者众"照应"明下土而知春"，结束赋题。

韦充的赋为我们生动地诠释了"东风解冻"，同时也告诉我们，东风开始"冰凌涣释，土脉融通"，平原、稻田、池塘等水面也开始蒸发，这"一朝吹醒便开春"的功德，就是"风人"（温暖世人）的"春德"！

迎春花

金英翠萼带春寒
黄色花中有几般

"东风解冻"的花信是迎春花。迎春花别名黄素馨、金腰带，属于木樨科茉莉属（也称素馨属）落叶灌木，具有不畏寒威、不择风土、适应强的特点，因而遍布全国各地。据物候观察记录，迎春一般在公历 12 月至 2 月之间开放，但在华中、西南地区，主要在 2 月初开放，所以王象晋《群芳谱》确认迎春"最先点缀春色"，高濂《遵生八笺》也说"春首开花"，正因为它在百花中开花最早，它开花后即迎来百花齐放的春天，所以才有"迎春"美名。迎春的小枝细长直立或拱形下垂，呈纷披状，花单生在去年生的枝条上，先于叶开放，有清香，金黄色，外染红晕，端庄秀丽，气质非凡，历来为人们喜爱。唐代白居易称赞迎春具有菊花那种傲霜斗寒、凌雪竞放的风姿："金英翠萼带春寒，黄色花中有几般。"（《玩迎春花赠杨郎中》）宋代韩琦还对迎春"迎得春来非自足，百花千卉任芬芳"（《中书东厅十咏·迎春》）的高贵品格钦佩不已。

迎春具有较高的观赏价值，可以配植园林中湖边、溪畔、桥头、墙隅，或在草坪、林缘、坡地、悬崖种植，也可做花径、开花地被，还可以盆栽、制作盆景及做切花插瓶，供人们在室内观赏。

迎春还具有医药价值，一般采摘迎春叶阴干后收藏。明代李时珍在《本草纲目》中有专门的记载，它本身无毒，却具有一定的解毒功效。

如果说"东风解冻"是"一朝吹醒"春天的"风人春德"，那么"蛰虫始振"就是为人们"舒展春信"："俯蛰冬余，展舒春信。蠕动趹行，沙飞蓬振。屈以求信（同'伸'），退而知进。和气吹嘘，昭精腾奋。"（清·叶志诜《蛰虫始振赞》）

蛰虫并非冬眠的小虫子，而是指以昆虫为主的小动物，如七十二候中的蝉、蟋蟀、螳螂、燕子、蝼蝈、蚯蚓等，它们属于变温动物或异温动物，因而"屈以求信，退而知进"，是它们在环境温度低于自身体温和生活所能承受的温度时所采取的应对行为，如蜜蜂在 3—5 摄氏度时，蜂翅和足就基本没有了活动能力；当气温下降到 1—3 摄氏度时，它已进入了深沉的麻痹状态；当气温下降到 0.5 摄氏度时，它则进入更深沉的睡眠状态，这就是处于"冬眠"（即"屈"）了，环境温度上升到 6.5 摄氏度后，蜜蜂才逐渐恢复活力，最早的中华蜜蜂也要在 7 摄氏度时才开始采蜜。和蜜蜂一样，蛰虫都有"退而知进"的本能，在东风解冻后，"和气吹嘘"时，表现了种种"始振"：或睡眼蒙眬地"觉醒今日梦，魂返去年躬"（清·马国翰《蛰虫始振诗》），或辗转反侧地"蠢蠢以潜发，应熙熙之屡过"，或懒洋洋地"蠕动趹行，沙飞蓬振"……呈现出"万穴之中，或羽毛而栉比；积块之下，或鳞甲而骈罗"（唐·王起《蛰虫始振赋》）的壮观景象！

蛰虫冬眠是各式各样的，在本身形态方面，43% 的蛰虫是幼虫身态，39% 的蛰虫是蛹身态，18% 的蛰虫是典型身态。在方式方法方面，虽然大部分蛰虫是在泥土中穴居，但也有其他状态，每年公历 10 月下旬，气温低于 7 摄氏度时，黄蜂则在新巢中抱团取暖，直到次年春天气温升至 10

舒展春信

二候蛰虫始振

花信：点地梅

春正二月，
宜夜卧早起，
三月宜早卧早起。

《云笈七签》

宋·夏圭（传）《月令图·蛰虫始振》

摄氏度以上时才开始散团活动。瓢虫会掩藏在干燥的树枝或树干缝隙，壁虎喜在墙缝及岩缝中躲藏。

古人不仅从蛰虫的"咸俯"和"始振"中，观察到了"蠕蜎征物候，鼓舞识天工"（清·马国翰《蛰虫始振诗》；蠕蜎，音 rúyuān，就是"蜎飞蠕动"，昆虫等小动物飞行或蠕动）这般秋寒春暖的时节变迁，还体悟到了深刻的人生道理："处否藏周，逢时出幽；顺地之理，承天之休。"（唐·王起《蛰虫始振赋》）儒家喜欢经济入世，道家则喜欢隐逸出世，不绝对在两家之间的，就常常纠结于出、入世之间，蛰虫的俯与振就是最好的范式，处于不利的境遇就必须转圜周处，时来则即时兴起振作，这样既顺应地理，又顺承天道。

点地梅

梅心暗弄纤纤朵
疑是月娥庭下过

"蛰虫始振"的花信是点地梅。点地梅别名佛顶珠、地胡椒、五岳朝天、小虎耳草、白花草、索河花、五朵云、喉癣草、喉蛾草、喉咙草、清明花、白花珍珠草、五角星草、天星草、天吊冬顶珠草、仙牛桃、金牛草等，属于一年生或二年生草本花卉，为植物学中报春花科报春花族的族属，我国有七十一种和七变种。叶全部基生，叶片近圆形或卵圆形，花葶通常数枚，自叶丛中抽出，五个花瓣呈星状展开，花冠白色，花蕊黄色。与堇菜、二月蓝和蒲公英这些大黄大紫的花相比，点地梅小小的白色花朵，有时候还会藏在高出自己一头的杂草中，比较朴素、低调，因而具有圣洁的品格，平凡、不屈的气质。人们常常把它送给爱人，表达自己平凡而又深沉、至死不渝的爱意。

点地梅喜湿润、温暖、向阳环境和肥沃土壤，它的叶子能利用阳光合成糖类，这些糖在寒冷的冬季具有抗冻的作用。它常生于林缘、草地和疏林下，因而在园林中可以布置在岩石园、灌木丛旁，或作地被。

迨泮春冰

俗话说"冰冻三尺，非一日之寒"，虽然东风已在解冻，蛰虫也已经苏醒并有所活动了，但三尺之冰也非一日可解，"迨泮春冰"就是趁着春来积雪沉冰在逐渐融解，近代南社著名诗人黄节诗有"春冰初泮涣，海水复澶漫"之句，初春的冰凌刚刚涣释，过些时日，江海之水也就会泛滥了。

正在这个"光风这回流转""迨春冰初泮"时候，出现了"碧水上赪鱼"（清·查慎行《微招·得外舅陆先生都下书》）的现象，赪（chēng，红色）鱼就是《诗经·周南·汝坟》中的"鲂鱼赪尾"，宋代朱熹《集传》说："鲂尾本白而今赤，则劳甚矣。"鲂鱼就是我国江河湖泊都有的鳊鱼，它的尾巴本来是白的，但在 1.5 米以下的深水里待了一个冬天，周边的浮游生物、水生植物也吃光了，春风送暖，气温在 4 摄氏度的基础上不断上升，因而开始寻找已经温暖的地方，找到了就努力冲出来，就是人们看到的红色尾巴的鲂鱼了。

鳊鱼如此，其他野生鱼也大多如此。远在夏代，我们的先人就发现了肇春的第三候"鱼陟负冰"，并记录在《夏小正》里。"鱼陟负冰"，今天读来感觉文绉绉的，其实在那时是大白话，"陟"是攀升，意思就是鱼在天气寒冷就伏到 1.5 米以下的深水里过冬，肇春伊始，水面的冰开始融化，鱼儿很快觉察到变化，争先恐后浮到水面，在尚未完全融化的冰块和冰片缝隙间游动，好像是背着冰块或冰片似的。自唐以来，有不少诗词描述了"鱼陟负冰"：清代延清交代这一候发生的时机——"催得潜鱼上，条风正解冰"（《鱼陟负冰》）；明代顾德基先揭示了"鱼陟"的内、外因——"三冬数罟别寒川，渐次春水腹不坚"，还描绘了"鱼陟负冰"的情形——"赪尾乍升云母隔，锦鳞忽冒水晶

春七十二日，省酸增甘，以养脾气。

《千金方》

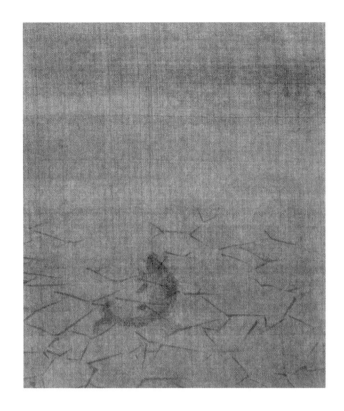

穿"（《咏鱼陟负冰》）。可能因为"鱼陟负冰"真的有点拗口，到了西汉，小戴编著《礼记·月令》时则改为"鱼上冰"，对后世也产生了不少影响。唐代王季则、吴晃、纪元皋（或王公亮）等都有《鱼上冰》诗，宋代黄庭坚、元代李孝光、元代陆仁、清代查慎行等，也都有吟咏。

红梅

瞥眼繁华处处空
寒林独透一枝红

　　"鱼陟负冰"的花信是红梅。红梅为蔷薇科杏属落叶小乔木，花色有淡红但以深江、紫红为主。红梅的这些形态特征，很容易引起人们"犹将桃杏误猜疑"，其实它是"梅花精神杏花色"。红梅是古代颇受欢迎的梅花品种之一，宋代周密《齐东野语》、明代王世懋《花疏》等，都有专门的记述。它也是中国文人喜欢吟咏的对象，相关的画作和诗歌有很多，宋代楼钥就有红梅诗二十多首。宋代李曾伯《声声慢·赋红梅》和元代袁桷《红梅赋》极富代表性。李曾伯的词描绘红梅"红绡剪就，绛蜡熔成，天然一种仙姿"，说红梅花如红蜡烛凝珠而成一般的玉润，又像用红丝绸裁剪一般的精巧，不仅有这般"轻盈玉骨冰肌"的品貌，还有"迥出红尘""竹外家风"的品性，因而它具有"胜夭桃轻俗、繁杏粗肥"的品格。袁桷的赋也描绘了红梅的"仙姿"："衣赤霜之羽袍，曳文锦之灵佩，弃明月之寒珰，缀飞琼以为琲（bèi，成串的珠子）。"红梅穿上了如赤红严霜般的粗衣，拽掉斑斓的织锦而挂上了精灵的符佩，抛弃明月般光润的耳珰而戴上了洁白的贯珠，完全是一位超脱的"闲闲羽仙"；又揭示了红梅独特品格的因缘——"沐九芒之粹精，蟠翠气以内护"，汇聚了天地之间的精粹，以娇红的姿容"自持"。

　　如紫霞仙子的红梅，喜温暖气候又有一定的耐寒力，因而储势于"冰淳雪峙"之时，绽放于"迨泮春冰"之际，最合时宜。它可以孤植、丛植、群植，可以在屋前、坡上、石际、路边自然配植，因而可以广泛应用于园林、绿地、庭园、风景区，具有非常高的观赏价值。元明之际文学家陶宗仪在《元氏掖庭记》中，甚至于有"浇红之宴"的记述，在红梅初发之时，带着心仪的红颜知己，携酒对饮，赏花叙情，可能是很多男同胞非常期待的情境。最后，我把宋代刘嗣庆《红梅》诗献给大家品赏："瞥眼繁华处处空，寒林独透一枝红。入时姿态人争羡，清韵须知冰雪同。"

聊献春祠

四候獭祭鱼
花信：报春花

春祠就是春天的祭祀，仅在肇春正月，就有郊祭、山林川泽各类祭等自然祭，有祀春神句芒、生育之神高禖等神灵祭，有拜祖、宗庙等祖先祭，有祈雨、祈谷等事务祭……不胜枚举，但"聊献春祠"则是一场类似于人类的祭祀，即獭的一种非常特别的举动——早已被载入历法典、时政书和史册的"獭祭鱼"。

"獭"即水獭，又名水狗贼或獭猫，属于食肉目鼬科两栖动物。西晋束皙《南陔》说："有獭有獭，在河之涘，凌波赴汩，噬鲂捕鲤。"水獭多居水边僻静的堤岸旁岩石隙缝、大树老根等自然洞窟，有时也栖息在竹林、灌木丛中，而且一般有一定的生活区域；水獭以鱼为主食，也捕食蟹、蛙、

宋·夏圭（传）《月令图·獭祭鱼》

是月宜食粥，有三方，
一曰地黄粥，以补虚。
取地黄捣汁，候粥半熟以下汁……
二曰防风粥，以去四肢风。
取防风一大分，煎汤煮粥。
三曰紫苏粥，取紫苏炒微黄香，
煎取汁作粥。

《千金月令》

蛇、水禽以及各种小型动物。古人认为其毛皮珍贵美观，质轻而韧，底绒丰厚，保暖性强，由此制成奢华的皮帽、皮领、皮袖等，《后汉书》《魏略》《梁书》等都有记载。水獭肝（还有白獭髓）入药，属于贵重的中药材。不过，现在的水獭已被列入《世界自然保护联盟濒危物种红色名录》，已成为罕见的珍兽，是我国二级保护动物。

"祭鱼"的情况要复杂一些。宋代罗愿认为这是西周时管理渔政的"渔人"所要行使的五个职责之一："孟春獭祭为一，季春荐鲔（wěi，古代指鲟鱼）为二，秋献龟鱼为三，孟冬獭复祭为四，季冬始渔为五。"（《尔雅翼·獭》）在"獭祭"出现后，渔人开始督促渔夫捕鱼，《礼记·王制》就有记载："獭祭鱼，然后渔人入泽梁。"那什么是"獭祭"呢？《礼记·月令》郑玄注："此时鱼肥美，獭将食之，先以祭之。"水獭用鱼究竟祭谁？三国魏蒋济等认为是祭自己的祖先，是感谢祖德；元代吴澄等说是祭天，水獭在感谢天恩。无论是祭天还是祭祖，东汉史学家班固、北宋礼部侍郎窦俨等，都特别推崇。但现代人都知道水獭没有接受过礼仪教育，当然就不会那么虔诚和斯文。回归天然物性，水獭捕鱼大概有两种情形：一是东汉高诱《淮南子注》"獭祭鱼"条说："取鲤鱼置水边，四面陈之，世谓之祭。"捕鱼能力极强的水獭因为鱼太多，所以往往挑肥去瘦，即便是肥的也只吃一两口就抛在一边，四周便出现了散乱的残剩鱼，与人类祭祀相似，给人造成了祭祀的假象，也让有心人疑虑："如何兹獭兽，竟亦解春祠？"（清·马国翰《獭祭鱼诗》）。二是人们发现了水獭这一特性后，从南北朝时就有人开始驯养水獭捕鱼，同鱼鹰、鸬鹚一样，都是把鱼呈现给主人，主人根据每只水獭的捕鱼量给予奖赏，"祭鱼"就是驯养的水獭自我展示功劳。现在水獭稀少，难以观赏到獭祭鱼，但是古代就很寻常了。唐代孟浩然《早发渔浦潭》诗："饮水畏惊猿，祭鱼时见獭。"宋代张扩也有"援毫急趁蚕食叶，袖手冷窥獭祭鱼"（《博古堂》）的记述，郑起有诗句"松楸方念无人扫，忽见江边獭祭鱼"，诗题《繁昌江边见两獭祭鱼人立而拜》就说明了这一奇观。"獭祭鱼"紧承"鱼陟负冰"而来，事理相通，时候连贯。

报春花

始有报春三两朵
春深犹自不曾知

"獭祭鱼"的花信是报春花。报春花为二年生草本花卉，叶片呈卵形，伞形花序，花淡棕红色，气微香。清代阮元有诗赞道："翠应淡于羽，紫亦浅于薇。远比西夷玉，新宜少妇衣。石边自荏苒，雪里长芳菲。报春何足论，耐得送寒归。"（《报春花》）花叶淡绿，花色也比蔷薇浅，如同西域的玉、少妇的衣一般清新淡雅，更令人钦佩的是，它耐过冰雪消融之寒，在石边、地头的环境下，独自缓缓地"长芳菲"，虽有"报春"之实却不论"报春"之名。

宋代杨万里对报春花赞赏有加："嫩黄老碧已多时，骇紫痴红略万枝。始有报春三两朵，春深犹自不曾知。"（《嘲报春花》）花色、气质堪与红梅为肇春的姐妹花！

报春花喜温凉湿润环境，耐寒的品种还可露地植于花坛、花径、水边，或与山石配植成景，也可盆栽用作室内布置自家欣赏。

七十二候中有四候的候应物是雁，按《礼记·月令》所记为：孟春之月"鸿雁来"（《吕氏春秋》等为"候雁北"）、仲秋之月"鸿雁来"（《吕氏春秋》等为"候雁来"）、季秋之月"鸿雁来宾"（《吕氏春秋》为"候雁"）、季冬之月"雁北乡"（《逸周书·时训解》为"雁北向"）。细心一看就发现：候应物主体名称有"雁""鸿雁""候雁"三种，撇开《毛诗传》"大曰鸿，小曰雁"（"鸿"是豆雁等大雁，"雁"是斑头雁等小雁）不说，雁是雁亚科鸟类的通称，世界目前主要有十个品种，中国古代通常记述的是鸿雁、豆雁、灰雁、白额雁等四种，在物候的记述中统称"雁"比较合适；其次因为所有的雁往来都有定时，所以才称"候雁"。《礼

宋·夏圭（传）《月令图·候雁北》

律协春阳

五候雁北归（次北归）

花信：水仙

是月，将三年桃树身上，
尖刀划破树皮，
直长五七条，
比他树结子更多。

《居家必用》

记·月令》所记又有两次"鸿雁来"、一次"鸿雁来宾",古代的解释不太一致,一般来说,季冬之月"雁北乡(向)"、孟春之月的"鸿雁来",实际就是雁由大南方(正南、东南、西南)飞回大北方(正北、东北、西北)老家繁殖;仲秋之月的"鸿雁来"和季秋之月"鸿雁来宾",则是雁依次由大北方飞迁到大南方越冬。

　　元末明初诗人戴良《鸿雁生塞北行》诗云:"当春既北飞,涉秋复南翔。"显然"当春既北飞"即候雁北、雁北乡(向),时值冬春之际,就是为了协调阴冷阳暖的时光节律。不过雁的南来北往究竟是什么原因,至今仍在探索。古今都认为气候(气温和日照等)是其中一个重要因素,其实还有食物、繁殖等因素,千百年来形成的遗传基因可能影响更大。

　　"雁北归"是指雁第二次从各自的越冬地向繁殖地飞翔返回。根据一些地方的物候观测记录及相关文献记载,1983年4月,观察者在吉林珲春见到110只北飞的大雁;内蒙古额济纳旗、居延海,宁夏落雁滩、雁窝池,河北秦皇岛山海关,以及北京,河南洛阳,陕西榆林,西藏羊卓雍错、纳木错、扎陵湖等大北方和中部、西南地区的雁,都是飞至"北极之沙漠"(《吕氏春秋·孟春纪》),就是今天的西伯利亚地区。南朝文人范云于齐武帝永明十年(492)出使北魏作《别诗》:"孤烟起新丰,候雁出云中。草低金城雾,木下玉门风。"他是河南人,却在江苏为官,这次从江南出使江北,就好比南雁北归:从炊烟升起的新丰湖(在今江苏丹阳西北,古为雁越冬之地)出发,到候雁出入的云中(北魏都城平城,今山西大同)去,这一行程刚好和北归的雁是一路同行。但如果是去中西伯利亚贝加尔湖的雁,就需要穿过雁门关继续北进;如果是去西西伯利亚平原的雁,就得飞过风吹草低的金城(今兰州,原为西汉金城郡郡治),再西飞到草木萧萧的玉门关了。虽然征程险阻,好在都是回归故乡,分别确实令人黯然神伤,但是有雁人相依、故乡的召唤,心情还是愉悦的。另外,有些雁则是从四川仁寿、湖南洞庭湖和安徽升金湖,以及东部的江苏盐城和上海崇明岛东滩等地北归。

　　明代林弼《鸿雁》诗:"嗷嗷鸿雁肃肃飞,秋风南征春北归。"南下北上的雁,不仅为人们的生产、生活提供了物候参考,还为人们提供了美妙情趣的休闲观赏物,正因为如此,我们应该更好地保护逐渐稀少的雁!

水仙

凌波仙子生尘袜
水上轻盈步微月

"雁北归"的花信是水仙。宋代洪咨夔《水仙兰》诗："水仙潇洒伴梅寒，鸿雁行中合数兰。"水仙俗名中国水仙，别名金盏银台，是多花水仙的变种，石蒜科多年生草本植物。绿裙、青带，亭亭玉立于清波之上，具天然丽质，芬芳清新，素洁幽雅，超凡脱俗。自古以来，人们就将其与兰花、菊花、菖蒲并列为"花中四雅"，又与梅花、茶花、迎春花并列为"雪中四友"。文人们通常把它放置在书房，营造出文雅温馨、恬静舒适的气氛。

水仙鲜花芳香油含量达 0.20%—0.45%，经提炼可调制香精、香料；可配制香水、香皂及高级化妆品。水仙香精是香型配调中常用的原料。水仙鲜花还可制成高档水仙花茶、水仙乌龙茶等，茶气隽香，茶味甘醇。

相对趣寒而恋家的雁儿北归几天，"天地之气交而为泰"，即天地间的天气下降、地气上腾，阴阳之气交合，出现了平和祥瑞的气象，即所谓"天机催振动，地气达句萌（即春神句芒）"，当然从科学的层面来讲，就是"腊雪消融尽，春风鼓动轻"（清·延清《草木萌动》），从东风解冻历经四候到此时，在春风的吹拂下，大地才真正把腊月以来所积的冰雪消融殆尽，我国大部分地区气温已达到 0 摄氏度以上，黄淮平原日平均气温已在 3 摄氏度左右，江南平均气温在 5 摄氏度上下，华南地区气温已超过 10 摄氏度，南方暖湿气流势力渐强，降水量也逐渐增多了。万物通泰、草木欣欣向荣的先机——"草木萌动"出现了。

"草木萌动"，即是草木"动萌"，有了合适的气温，有了可供滋润的水分，草木即时启动了萌发的生机！明代顾德基生动描述了这一过程和人们对新一年的希望："草木将苏淑气催，风吹雨沐胜浇培。芦芽白白骄寒笋，柳意欣欣接早梅。春许伊耆都漏泄，霜教青女尽收回。三农但喜桑麻茁，不羡千红万紫开。"（《咏草木萌动》）青女把霜雪收尽，神农令春光乍泄，"淑气"催动了草木的苏醒，初春后期的和风细雨促使了草木萌生；白白的芦芽儿自信地出现了，淡黄的柳芽儿欣欣然来了……这是令常人非常期盼"千红万紫开"的灿烂春天的序幕，可更是三农（山农、泽农、平地农）祈求桑麻能够茁壮成长，各自都有一个好收成的喜望。

是的，"草木萌动"就是"渐苞春月"，春花逐渐含苞待放，也是"陈根冒橛""枯株栋发"（清·叶志诜《草木萌动赞》），各种作物生长萌发。

渐苞春月

六候草木萌动

花信：绿梅

宋·夏圭（传）《月令图·草木萌动》

绿梅

玉骨檀心清更好
对花何惜醉扶头

"草木萌动"的花信是绿梅。宋代王之道《观梅和陈天予韵·其二》诗:"春风草木初萌动,夜雨池塘正拍浮。玉骨檀心清更好,对花何惜醉扶头。"前两句咏物候,后两句咏梅花。绿梅又称绿梅花、绿萼梅,是梅花珍品中的珍品。其花瓣、花丝、花蕊甚至花粉,几乎全是淡淡的绿色和鹅黄色。高濂《遵生八笺·草花三品》说:"绿萼蒂,纯绿而花香,亦不多得。"绿梅的品种约三十种,其中"金钱绿萼""台阁绿萼""变绿萼""小绿萼",最为人所知。

绿梅有一定的耐寒能力和抗旱性,喜较高的空气湿度和温暖的气候环境,因而可以露天栽培,也能制成盆栽,在不同的场所中,都能起到美化环境的作用。爱梅的王之道还有一首七绝深情赞美绿梅:"天然腻玉细生香,斜倚东风伫淡妆。可是春寒犹料峭,晓窗犹试绿罗裳。"(《绿萼梅》)

明末清初王夫之也有赞绿梅"叶色通梢晓气醒,趺香浮干艳心扃"(《和梅花百咏诗·绿萼梅》)之句,点出了绿梅所具有的养生价值:绿梅的花朵有浓郁的花香气息,收取以后可以提取香精,然后制成香皂或者精油,能起到提神醒脑的重要功效。

花开鸟弄会芳春 盛春二月六候

肇春依靠"条风"和"淑气"启动了春天的引擎，草木萌动则开始直接展示春天娇容。宋代高僧释行海有"十分花气醉春情，拂晓先闻百舌声"，"春来处处有花看，一种芳心欲吐难。陌上鹅黄初染柳，不禁烟雨袭轻寒"（《丙辰二月二日喜晴》）之句，芳馥的百花、悠扬的百鸟，在"烟雨""轻寒"中百啭千声，形成了"莺花只是恋江南"的奇境！

当然，盛春不仅仅属于气温 8 摄氏度以上的江南，这个月除东北、西北地区外，中国大部分地区平均气温已升到 0 摄氏度以上，华北地区日平均气温为3—6 摄氏度，西南和华南则高达 10—15 摄氏度，早已是一派融春光了。即便是早期产生物候历法的代表性区域：山西翼城、陕西西安，均温比正月高 4 摄氏度，河南洛阳高温比正月高 3 摄氏度。这三地都是气温回升，正是大好的"九九艳阳天"！

风和日丽，温婉滋润，桃红柳绿，莺歌燕舞，"十分花气"，这一切给人们带来了"芳心""春情"，二月是盛春也是芳春！宋代杨万里诗云："柔风软日斩新晴，酽白娇红鼎盛春。"（《游翟园三首·其二》）后唐开国之君李存勖则彩笔精绘盛春（芳春）的娇柔之美："赏芳春，暖风飘箔。莺啼绿树，轻烟笼晚阁。杏桃红，开繁萼。灵和殿，禁柳千行斜，金丝络。"（《歌头》）起笔点题"赏芳春"，时间地点是傍晚时分、灵和殿（齐武帝建，多蜀柳），天气有暖风、轻烟，景色有杏桃红、开繁萼，"禁柳千行斜，金丝络（金黄色的细柳条）"和莺啼，有景有情，有声有色！

南朝陈阳缙诗云："青门小苑物华新，花开鸟弄会芳春。"（《侠客控绝影》）盛春二月，真的是"花开鸟弄会芳春"，一月之中，桃花、杏花、李花、瑞香、海棠、樱桃竞相开放，而且鹰退燕来，黄莺婉转，凸显了春天鸟语花香的典型特征。这个月次第发生的六候是：桃始华、仓庚鸣、鹰化为鸠、元鸟至、雷乃发声、始电。

"芳草霏霏遍地齐，桃花脉脉自成蹊。也知百舌多言语，住向春风尽意啼。"这是唐代诗人陆希声的七绝《桃溪》，前两句点明了"桃始华"和"草木萌动"物候演进的顺承关系，后两句则突出了盛春二月的本色。但是，"桃始华"的内涵则远非于此。清代延清的《桃始华》有这样的补充："客路新炊粥，仙源旧泛舠。芽抽芦岸短，枝亚竹篱高。水暖鱼肥润，林深犬吠皋。瑶池开几树，锦浪涨三篙。门更题崔护，笺应染薛涛。""桃始华"有深林、水暖、鱼肥、芦岸、竹篱、犬吠等田园风光，有瑶池、桃源等神仙传说，有桃花人面、薛涛笺等人文情怀，无一不动人心弦！但是作为物候，"桃始华"最重要却又被人忽略的是"锦浪涨三篙"，即著名的"桃华（花）汛"。

桃花汛，又称春汛、桃汛、桃花水、桃汛洪水，指中国的黄河在宁夏、内蒙古河段，二三月春季期间因冰凌融化形成的洪水，也泛指其他地区桃花盛开期所发生的春汛。班固《汉书·沟洫志》载："来春桃华水盛，必羡溢。"隋唐时期训诂家颜师古解说："盖桃方华时，既有雨水，川谷冰泮，众流猥集，波澜盛长，故谓之桃华水耳。"桃无论是毛桃还是山桃，开花的时间是相近的：最典型的是属于华东的浙江温州，毛桃、山桃都是公历 2 月 22 日左右开花，华北的山海关毛桃、山桃花期分别是公历 4 月 26 日左右、4 月 24 日左右，山西太谷的山桃是公历 3 月 24 日左右，西北的陕西西安是公历 3 月 17 日左右，华中的河南洛阳毛桃花期是公历 3 月 25 日左右，湖北武汉是公历 3 月 13 日左右。"桃始华（开花）"的时间在公历 2 月 22 日至 4 月 26 日之间，集中在公历 3 月。春汛期也就在此时发生，如《中国气象报》2013 年 3 月 18 日消息，黄河头道拐封冻河段已

二月三日，不可昼眠。

《千金月令》

宋·夏圭（传）《月令图·桃始华》

于 3 月 12 日解冻开河，预报三湖河口河段将于近期开河，随着气温回升，黄河中游干流将形成桃汛洪水，预计经万家寨水库调节后，最大洪峰流量在 1800—2000 立方米／秒左右，持续时间 3—5 天。古代记录的黄河汛期发生的时期也相同，元代沙克什的《河防通议·河议第一》记载："黄河自仲春迄秋，季有涨溢。春以桃花为候，盖冰泮水积，川流猥集，波澜盛长，二月、三月谓之桃花水。"元代脱脱主编的《宋史·河渠志》也是这样记载的：天禧五年有人提出，"以黄河随时涨落，故举物候为水势之名。自立春之后，东风解冻，河边人候水，初至凡一寸，夏秋当至一尺，颇为信验，故谓之信水。二月三月，桃华始开，冰泮雨积，川流猥集，波澜盛长，谓之桃华水"。

桃花

满树和娇烂漫红

万枝丹彩灼春融

"桃始华"的花信就是桃花本身。王象晋《群芳谱·桃花》："二月开花，有红、白、粉红、深粉红之殊，他如单瓣大红、千瓣红桃之变也，单瓣白桃、千瓣白桃之变也，烂漫芳菲，其色甚媚，花早易植。"盛开的桃花以"烂漫芳菲""色甚媚"著名，具有很高的观赏价值，所以每年公历3—6月，各地会以桃花为媒，举办不同的桃花节盛会。桃花含有山柰酚、香、豆精、三叶豆甙和维生素A、B、C等营养物质，具有扩张血管、疏通脉络、润泽肌肤的功效。

桃花和面粉或糯米粉、澄粉等制成桃花糕，是老少皆宜的美食，具有滋阴养血、润燥、美容养颜、增强免疫力的功效。桃花和茶炮制而成的桃花茶，带有桃花的清香，是一款浪漫的春天花茶，而且可以顺气消食，美容养颜。

宋初宰相向敏中的《桃花》诗对桃花的描述和评价是："千朵秾芳倚树斜，一枝枝缀乱云霞。凭君莫厌临风看，占断春光是此花。"

鸟语春芳

宋代高僧释行海说"莺花只是恋江南"，其实更准确点应该是"莺花只是恋盛春"。桃红柳绿之后，莺歌燕舞随即就来了，首先就是"仓庚鸣"。仓庚（当以"鸧鹒"为正）是莺的别名之一，莺有黄莺、黄鸟、黄鹂、青鸟等别名，我国共有八十五种，主要有地莺、树莺、短翅莺、蝗莺、苇莺、篱莺、雀莺、柳莺、鹟莺等种类。莺体部的毛呈黄色，翅膀上和尾部有黑毛，眉毛黑，嘴尖，脚部色青。"壤见桃花烧满林，又闻樽添弄清音"（明·顾德基《咏仓庚鸣》），在桃花发、桑葚熟、小麦黄的盛春时节，莺便开始鸣叫："友侣群相告，清新气乍更"（清·马国翰《仓庚鸣诗》），呼朋唤友，感春阳清新之气；"睍睆（xiànhuàn）能传语，绵蛮剧有情"，雌雄相伴，则窃窃私语，依依情深；无论是呼唤还是私语，都能"吟出笙歌雅"，清晰圆滑，婉转动听。

"仓庚鸣"是"鸣春候可稽"，意在告诉人们，物候转换了，春事因而也开始更新："禽言蚕月纪，诗并采蘩题。"（清·延清《仓庚鸣》）莺歌之时，妇女们就要开始蚕事了："春日载阳，有鸣仓庚。女执懿筐，遵彼微行，爰求柔桑。春日迟迟，采蘩祁祁。"（《诗经·豳风·七月》）春天来了，太阳暖烘烘的，黄莺嗒嗒嘤嘤地鸣叫；媳妇姑娘们背起了深深的竹筐，经过弯弯扭扭的小路，到桑园去采集柔嫩桑叶；春天的白昼渐渐长了，还要多采一些生蚕的白蒿（用白蒿煮水浸沃蚕子，可促蚕子孵化）。

李白在长安宜春苑（即今陕西西安大唐芙蓉园）奉唐玄宗诏作《龙池柳色初青听新莺百啭歌》，其中对龙池柳的黄莺有生动的描述和评价："上有好鸟相和鸣，间关早得春风情。春风卷入碧云去，千门万户皆春声。"这也可以看作

是月令幼小儿女早起，

避社神，

免至小儿面黄。

《吕公忌》

宋·夏圭（传）《月令图·仓庚鸣》

是对"仓庚鸣"的赞颂。"千门万户皆春声"，仓庚鸣出了天下"春声"，也涂绘了天下春色！

杏花

独照影时临水畔

最含情处出墙头

"仓庚鸣"的花信是杏花。杏是蔷薇科杏属果木，原产中国，分布很广。明代博物学家王象晋《群芳谱·杏花》载："杏，树大，花多，根最浅，以大石压根，则花盛。叶似梅差大，色微红，圆而有尖。花二月开，未开色纯红，开时色白微带红，至落则纯白矣。花五出，其六出者必双仁，有毒。千叶者不结实。"可见杏花开的时间是二月，花色随时改变，"红花初绽雪花繁"（唐·温庭筠《杏花》），盛期花瓣是白色或稍带红晕，惊艳一时："粉薄红轻掩敛羞，花中占断得风流。软非因醉都无力，凝不成歌亦自愁。独照影时临水畔，最含情处出墙头。"（唐·吴融《杏花》）杏花出墙、美艳户外令人惊羡。杏花繁茂，但需要特别提醒的是六瓣双仁的杏花和杏仁，有毒！

杏花具有多方面的价值。"耕沙识务农之节，糅麦知别味之精"（宋·吴淑《杏赋》），说的是它的物候价值，官民开始祀先农，官府也上工，开始给粮种，农村男人则开始种大豆、锄麦等，妇女则浴蚕种、采桑等。杏树是中国著名的观赏树木，其花色有红有白，胭脂万点，花繁姿娇，占尽春风，可以配植于庭前、墙隅、道路旁、水边，也可群植、片植于山坡、水畔。同时，杏树还是沙漠及荒山造木树种。

杏花中含有丰富的苦杏仁苷、多酚、黄酮类、酶类、多糖，以及不饱和脂肪酸等活性成分，味苦、性温、无毒，具有一定的美容功效。杏花也被誉为"中医之花"。

鹰体态雄伟，性情凶猛，捕食老鼠、蛇、野兔、小鸟，也吃蜥蜴、蝗虫、蚱蜢、甲虫及其他昆虫，有"鸟中霸王""天空霸主"之称。全世界有一百九十多种，中国最常见的是苍鹰、雀鹰和松雀鹰，在古代文献中，尤以苍鹰、白鹰居多。苍鹰，别名鹰、牙鹰、黄鹰、鹞鹰、元鹰，是中小型猛禽，自唐代李白、高适到今天的陈逸卿、李德全等都作有有关苍鹰的赋文。元代以来，刘崧、陆深、韩上桂、陈景元及当代关振东都有苍鹰诗。白鹰被古人尊为吉祥物，《辽史·太宗纪上》记载："猎者获白鹿、白鹰，人以为瑞。"所以也备受古人喜爱，仅唐代便有张莒《白鹰赋》、苏颋《双白鹰赞》、张谓《进白鹰状》等文，以及李白《观放白鹰》、窦巩《新罗进白鹰》等诗。

鹰凭借其"厉吻钩锐，澡毛玉截"的勇武进取，以及"含情履洁，象君之节"的瑞节祥气，深得文人雅士的青睐。因"阳知节气"（明·顾德基《咏鹰化为鸠》），被古人列入重点物候应物，七十二候中占有四候，首次出现的是"鹰化为鸠"。"鹰化为鸠"是鹰自身的生理变化，而不是由鹰变成鸠的物种变化或鸠来鹰往的呈现交替（或许有雀鹰和杜鹃特别相似的视觉差）。早在唐代，孔颖达就用"化"和"为"作了区分。他说："化"是"反归旧形"，是动物自身的形体生理变化，相同的还有阳春的"田鼠化为䴭"；"为"则是"不再复本形"，凉秋的"雀入大水为蛤"、玄冬的"雉入大水为蜃"，指的是物种间呈现的交替变化，两种物种之间的此来彼往，当然就"不再复本形"。相传周时大臣章龟所著的《章龟经》这样描述"鹰化为鸠"："仲春之时，林木茂盛，口啄尚柔，不能捕鸟，瞪目忍饥。"芳春二月，正是"生育肃杀气盛"之时，"故鸷鸟感之而变

九候鹰化为鸠

花信：瑞香

是月宜食韭，大益人心。

《千金方》

宋·夏圭（传）《月令图·鹰化为鸠》

耳"（元·吴澄《月令七十二候集解》），身为"鸷鸟"的鹰也进入了凤凰涅槃式的再生，喙、脚爪、羽毛等，都在蜕化，因而是至"柔"之时，不能捕食，如同鸠一般，东汉郑玄《周礼·夏官》注说得很明白："春，鹰为鸠，与春鸟变旧为新。"正因为如此，《逸周书·时训解》说"鹰感春气，化而为鸠"，清代叶志诜的《鹰化为鸠赞》则有了进一步解释："鹰鸠同气，变化刚柔。"古人认为鹰和鸠为同属："大而鸷者，皆曰鸠。"（《禽经》）所以鹰有"鹩鸠""鹪鸠"等别称，鸠有"鹘雕""鹘鸠"等别称。它们同感春气，完成自身的"刚柔"变化。如果有想进一步了解的，可以读读刘基《郁离子·鹰化为鸠》以及意大利数学家、神学家卢多维科·布格里奥的《进呈鹰论》。

瑞香

紫囊夜发香中瑞
芳蹊不用夭桃红

"鹰化为鸠"的花信是瑞香。瑞香，别名睡香、露甲、风流树、蓬莱花、千里香、瑞兰等，为瑞香科瑞香属常绿直立灌木，被誉为"上品花卉"。宋代吕大防《瑞香图序》说："瑞香，芳草也，其木高才数尺。生山坡间，花如丁香，而有黄、紫二种。"瑞香为中国原产花卉，花外呈淡紫红色，内为肉红色，无毛，早春开花，芳香宜人。传说庐山有位僧人昼寝于磐石之上，睡梦中被浓香熏醒，后寻到花株，并命名为"睡香"。

瑞香作为中国著名的传统芳香花木，自宋以来，受到文人雅士的广泛喜爱和推崇。宋代华镇有诗赞美："南枝碎玉飘溟濛，春光次第海天东。紫囊夜发香中瑞，芳蹊不用夭桃红。开谢忍从风日下，形容聊寄笺毫中。珠玉交辉色璀璨，埙篪迭奏声和同。园林光价远莫拟，造化机权疑未公。会须折向玉峰去，追随鸣佩摇天风。"（《次韵刘三秀才瑞香·其一》）"南枝碎玉"点明了瑞香喜散光的特性，"春光次第"是点明入春之后依次开放（即夭桃、粉杏之后）的花期；"紫囊夜发香中瑞"是揭示花性，瑞香虽有黄花、白花、粉红花、二色花等花色，但以紫花为典型，香气也最浓烈，古人因而多用来制香囊，提炼芳香油；至于把它放到佛道境域，"埙篪迭奏"，更使人"折向玉峰""追随鸣佩"；然而把它置于人世间，则具有别的花卉难以比拟的"园林光价"，最适合配植于假山及岩石的阴面，林地前缘，也用于盆栽，四季常绿，香味浓郁，袅袅远播，不愧为"瑞香"之名。

瑞香的根、树皮、叶及花皆可入药，晒干或鲜用，全年都能采取。

燕舞春风

十候元鸟至

花信：海棠

"乾坤平分昼夜，却是燕子来时"是我们耳熟能详的俗语，其实也不够准确。在中国"平分昼夜"包括春分和秋分两个节气，李时珍在《本草纲目·燕释名·别录》中分辨得很清楚：越燕和胡燕都是"春社来，秋社去。其来也，衔泥巢于屋宇之下；其去也，伏气蛰于窟穴之中"。春社是距今已有两千多年历史的传统节日，最先是祭祀掌阴阳、育万物的后土，以祈祷膏雨的形式，希望五谷丰登；可是宋元之际民社则演变为拜土地公公，举行饮酒、分肉、赛会等一系列活动，妇女停针线，积极参与。先秦、汉、魏、晋各代虽然都在二月，可是没有确定具体日期，宋以后才定为立春后的第五个戊日为社日。1907年立春日是乙酉，即2月5日（农

宋·夏圭（传）《月令图·玄鸟至》

是月行途，
勿食阴地流泉，
令人发疟瘴，
又令脚软。

《养生论》

历一九〇六年腊月二十三），春社则在第五个戊日的戊寅，即 3 月 30 日（农历二月十七），也是春分后的第八天。所以"燕子来时"是春分，秋分则是燕子去时。

燕子为什么与大雁相反，是春来秋去呢？因为在中国，大雁是冬候鸟，而燕子是夏候鸟。宋代女诗人朱淑真《春燕》诗云："帘前日暖翻翻过，帘外风轻对对斜。偏是社来还社去，年年不见蜡梅花。"燕子的"（春）社来还（秋）社去"，虽然有"年年不见蜡梅花"这些许的遗憾，但是能够在温暖的日下、和煦的春风里，成双成对地翻翻飞舞，这是何等的潇洒和幸福！

人们常说，春分时节北方天气变暖，在南方越冬的燕子又飞回北方，筑巢居住，又开始新一轮半年余的生活。不过这里的"北方""南方"并不是以我国秦岭—淮河一线为界划分的，而是以地球北回归线为界的北半球的北方和南方。我们在春天见到的燕子，其实是从北回归线以南的中国海南，越南、老挝、缅甸、泰国南部、马来西亚、印度尼西亚，以及菲律宾、新加坡、文莱、东帝汶甚至澳大利亚北上的。春燕在中国出现的大致情况是：真正能在春分左右看到燕子的，就是北京和河北衡水、邯郸、邢台，陕西西安和江苏盐城；最早见到春燕的是四川仁寿，立春就有燕子飞来；最晚看到春燕则要到夏初，主要是黑龙江的齐齐哈尔、哈尔滨香坊区、嫩江山河林场等地；大批春燕出现则是在暮春，如黑龙江五大连池、佳木斯，河南洛阳，江苏徐州及浙江温州等地。描绘春燕最出色的词是宋代词人史达祖的《双双燕·咏燕》，上阕展示了一对燕子重返旧巢的愉快场景："还相雕梁藻井，又软语商量不定。飘然快拂花梢，翠尾分开红影。"下阕凸显了燕子在春光中纵情嬉戏、兴尽夜归："芳径，芹泥雨润，爱贴地争飞，竞夸轻俊。红楼归晚，看足柳暗花暝。"

燕子还是北方居民观测天气的晴雨表，积累了不少天气谚语：黑龙江黑山的"燕儿参天蛇过道，乌云接日山戴帽"，吉林通化的"蚂蚁塞穴蛇过道，燕子钻天山戴帽"，河北晋州的"燕往南，天将寒；燕北过，天又热"等。

燕子还形成了燕九（大型庙会，称"逛燕九"）、彩燕（剪彩为燕，唐诗"土牛呈岁捻，彩燕表年春"句）、寒燕儿（白面制作，或称"寒燕"，供儿女们嬉玩）等一系列民俗，河北唐山滦州甚至还有清明后迎燕子的活动："男女簪柳，复以面为燕，著于柳枝插户，以迎元鸟。"（嘉庆《滦州志》）

"元鸟至"的花信是海棠。海棠是雅俗共赏的名花，拥有"花中神仙""花贵妃""花尊贵"之称。后蜀花蕊夫人徐氏诗云："海棠花发盛春天，游赏无时引御筵。绕岸结成红锦帐，暖枝犹拂画楼船。"（《宫词·其一百二十五》）诗点明了海棠开花的时间（发盛春天），描绘了花色的簇红绮艳（比喻"红锦帐"）和花枝的柔软温馨（暖枝犹拂），还记述了她特定的游赏内容——画楼船、御筵……真是春景密集，春情勃发！这一切都源于海棠。

海棠是蔷薇科小乔木，原产中国，生性喜阳光，极耐寒，不耐阴，忌水湿，在山东、河南、陕西、安徽、江苏、湖北、四川、浙江、江西、广东、广西等省（自治区）最为常见，为著名观赏树种。它的花序近伞形，花瓣卵形，典型的是红色重瓣（花蕊夫人观赏、描述的就是这种）和白色重瓣两种。南宋陈思论花时说："世之花卉种类不一，或以色而艳，或以香而妍，是皆钟天地之秀，为人所钦羡也。梅花占于春前，牡丹殿于春后。骚人墨客特注意焉。独海棠一种，丰姿艳质，固不在二花下。"（《海棠谱序》）世间花卉千千万万，但真正令人喜爱的原因不外乎"以色而艳"或"以香而妍"两种。海棠开在春天的梅花、牡丹之间，"丰姿艳质"，不仅"不在二花"之下，其色更撩人："东风用意施颜色，艳丽偏宜着雨时。朝咏暮吟看不足，羡他逸蝶宿深枝。"（宋·赵惇《观海棠有感》）雨中的海棠令蜂蝶眷恋不舍，也令贵为帝王的赵惇"朝咏暮吟看不足"。尽管海棠是"东风用意"敷施的"艳丽"，而不以香而妍，但如果你悉心品赏就并非如此了。宋真宗的体验是："翠萼凌晨绽，清香逐处飘。"（《海棠》）所以，海棠"艳丽"又不乏"清香"（四川嘉州的有香）而"独"立于天下了！

独特的海棠树姿优美，春花烂漫，入秋后金果满树，芳香袭

东风用意施颜色
艳丽偏宜着雨时

人，对二氧化硫有较强的抗性，是绝佳的城市街道、矿区和庭园绿化与观赏花木。它既可丛植于草坪角隅，又可与其他花木相配植，特别爱海棠的唐代诗人薛能于咸通七年（868）在成都府之古营弄了一个海棠园，并作诗纪盛："四海应无蜀海棠，一时开处一城香。晴来使府低临槛，雨后人家散出墙。闲地细飘浮净藓，短亭深绽隔垂杨。从来看尽诗谁苦，不及欢游与画将。"古代皇家园林中，海棠也常与玉兰、牡丹、桂花相配植，以求"玉棠富贵"的意境；还可以孤植于庭院前后或对植于天门厅入口处，并能矮化盆栽或切枝供瓶插及其他装饰之用。

《史记·天官书》说："夫（原文误为'天'）雷电、虾（通'霞'）虹、辟历（即'霹雳'）、夜明（星月）者，阳气之动者也。春夏则发，秋冬则藏。故候者无不司之。"雷电虹霞、霹雳星辰等天象，自古就是物候观察者格外关注的对象，七十二候第一候就是风和冰——"东风解冻"，盛春就有雷和电。雷和电本来是连气同体的，但是它俩又有一定的差异，东汉佚名《河图》解说为："阴阳相薄为雷，阴激阳为电；然则震是雷之劈历，电是雷光。"雷和电都是因为阴阳二气撞击而产生的，这就是连气同体。阳气撞击阴气时产生的是雷，阴气撞击阳气时产生的是电；产生又急又响声音的是雷，发出一道道明亮夺目闪光的就是电，这就是差异。这种推论与我们今天对雷电的认识非常相近。

"雷乃发声"就是在盛春二月之时的"阳气之声"，即阳气"将上与阴相冲"激发出来的声音（唐代贾公彦《礼记·月令疏》）。因为"二月，四阳盛而不伏于二阴。阳与阴气相薄，雷遂发声"（旧题唐·李淳风撰《玉历通政经》）。东汉蔡邕解释了雷盛春"乃发声"的渐进："季冬，雷在地下，则雉应而雊。孟春，动于地之上，则蛰虫应而振出。至此升而动于天之下，其声发扬也。以雷出有渐，故言。"（《蔡氏月令》）季冬十二月，雷就已经在地下蠕动了，敏锐的雄野鸡感应到了便鸣叫；孟春正月，雷开始到地面活动了，因而敏感的蛰虫们随之振出；到了本月，按易理就是大壮卦（䷡），它的卦象是上震下乾，也就是四阳爻在下，二阴爻在上，因"四阳盛而不伏于二阴"，导致阳气直接上冲而迸发出了雷声。东晋文学家李颙描述了雷"声发扬"的情景："腾跃喷薄，砰磕隐天，起伟霆于霄际，催

气奋春威

花信：樱桃

十一候雷乃发声

是月勿食黄花菜、交陈菹，
发痼痰，动宿气。
勿食大蒜，令人气壅，
关膈不通。
勿食鸡子，滞气。
勿食小蒜，伤人志。

《云笈七签》

宋·夏圭（传）《月令图·雷乃发声》

劲木于岩巅，驱宏威之迅烈，若崩岳之阗阗，斯实阳台之变化，固大壮之宗源也。"（《雷赋》）卦象象征是震为雷，乾为天，大壮卦也就是表明天上打雷了，而雷发声的内在原因就是"阳刚盛长之象"，理论渊源则是"固大壮之宗源也"！其本质姑且可以称为"气奋春威"。如果我们把地面蒸发的、向天空上升得很快而带正电荷的水蒸气当作阳气，云端原有的由水蒸气凝结而成、温度相对低而带负电荷的小水滴当作阴气，当电荷非常大的时候，带负电荷的水滴被带正电荷的水滴吸引，从云的顶部跳到云的底部，雷电就产生了。

据气象部门的物候记录，"雷乃发声"的时间一般是：华北的北京、山西太原等为公历 4 月 19—21日，西北的陕西西安为公历 4 月 19日，华中的河南洛阳为公历 3 月 21日，而华东的浙江温州为公历 3 月18 日。由此看来，西南、华中、华东地区"雷乃发声"的时间与古代基本一致。

樱桃

斜日庭前风袅袅

碧油千片漏红珠

"雷乃发声"的花信是樱桃。樱桃又名樱珠、英桃、荆桃、莺桃、唐实樱、乌皮樱桃、崖樱桃，属于蔷薇科落叶乔木果树。樱桃为中国原产，广泛分布于辽宁、河北、陕西、甘肃、四川、山东、河南、江苏、浙江、江西等省区。樱桃在盛春开花，据气象部门的物候记载，河南洛阳的樱桃是公历3月2日开花，即便驱车东南下一千三百余公里到浙江温州，也只晚八天开花。樱桃花具有很高的观赏价值，南朝宋王僧达赞叹道："初樱动时艳，擅藻灼辉芳。缃叶未开芷，红葩已发光。"（《朱樱》）这是樱桃的一种朱樱，它也先开花，花蕊鲜红，整朵花华丽而富有光泽，整棵朱樱红艳艳的，散发出灼人芳泽，在桃杏、棠李之间，也能惊艳一时！

樱桃还可以"玩其精华，服其风味。爽可以愈沉疴，腴可以美意气。羌理内而益脾，信蠲烦而清臆"（元·程从龙《樱桃赋》）。其果实可以吃（服其风味），果实颜色鲜红，玲珑剔透，味美形娇，营养丰富，保健价值颇高。每100克樱桃中含铁量多达59毫克，维生素A含量比葡萄、苹果、橘子多4—5倍，经常食用可以抗贫血，促进血液生成，又可增强体质、健脑益智。

激薄春光

十二候始电

花信：李花

如果说雷是"气奋春威"，那么与雷同生异趣的电就是"激薄春光"了。《淮南子·坠形训》称："阴阳相薄为雷，激扬为电。"清代延清《始电诗》也说："氤氲阳气威，激薄电光新。"雷和电同生于"阴阳激剥（即薄）"，阴阳二气的相互撞击，也就是带正负电荷的水滴撞击。但是，它们又异趣，首先是撞击的方式不同，雷是阳击阴，自上而下（由天上启动，从云层上向云层底）；电是阴击阳，下自而上（由地上启动，从云层底向云层上）。其次是呈现的形态不同，雷是阳"声"（春威）而电是阳"光"（春光）。最后是所属的卦不同，雷的卦象是震（☳），震动鸣叫，令人惊悚，电的卦象是离（☲），火性炎上，光明绚丽，这是古人

宋·夏圭（传）《月令图·始电》

二月肾气微，肝正旺，
宜戒酸增辛，助肾补肝。
宜静膈去痰水，小泄皮肤，
微汗以散玄冬蕴伏之气。

孙思邈《摄养论》

所能揭示的原理。今天人们都知道，闪电是云和云之间或云和大地之间的放电现象，雷声是云层放电时发出的巨大响声。

闪电和雷声几乎是同时产生的，但精确来说还是闪电略先于雷声。那为什么七十二候的"雷乃发声"在"始电"前呢？这个问题唐代讨论最多。李淳风先提出的解释是："电，阳精之发见也。先电而后雷随之者，阳胜阴也；正雷先鸣而后电者，阴胜阳也。"（《观象玩占·雷电总叙》）闪电和雷声的先后两种情况，一是"阳胜阴"时，先闪电后雷声，为"正电"；二是"阴胜阳"时，先雷声后闪电，为"正雷"。如此这般就可区分"雷乃发声"和"始电"两个候应。徐彦还提出了一种特别的情况："盖盛夏无雷之时，电亦有之，可见矣。"（《公羊传疏》）即只有闪电而没有雷声。稍晚一点的贾公彦则说："电是阳光，阳微则光不见。此月阳气渐盛以击于阴，其光乃见，故云'始电'。"（《礼记·月令疏》）雷乃发声时是四阳伏二阴，改变了此前一直阴盛的状态，此后则阳气不断增强，所以到始电之时，以"阳精之发"的闪电之"光乃见"。在"阳气渐盛"这样的前提下，属于"阳精"的闪电，自然要晚于雷乃发声。从气温考察，被认为是七十二候发源地的山西，一月为 −10—3 摄氏度，二月为 −7—6 摄氏度，三月为 0—15 摄氏度，四月为 7—22 摄氏度，由此可知，二月后气温提高很快。

由于闪电和雷声一般是同时发生的，据气象部门物候记录，华北山西、河北以及西北陕西，都是公历 4 月 19 日，华中的洛阳是公历 3 月 21 日，华东的温州是公历 3 月 18 日。但也有不一致的，比较典型的是西南四川仁寿，雷发生是在公历 3 月 24 日，闪电则是公历 4 月 18 日。这似乎就是徐彦所说的闪电和雷声分开的特殊情况。

描述闪电的诗文代不乏人，如西晋夏侯湛的《电赋》、南北朝庾信的《和李司录喜雨诗》、唐代刘禹锡的《七夕》、宋代杜范的《电》、明代林光的《电火》等；比较出名的是明代徐渭的"灭明难捉摸，搜索愈逃逋。或见焚鳞尾，徒闻绕斗枢。金蛇穿雨划，赤兔驾雷屠。煨烬乾坤赭，飞腾日月徐"（《电》），被袁宏道评为"奇险"。

李花

小小琼英舒嫩白

未饶深紫与轻红

"始电"的花信是李花。李又名山李子、嘉庆子、嘉应子、玉皇李，为蔷薇科李属果木和观赏木，主要分布于西北、华中、华东等地区。李树枝广展，红褐色而光滑，叶自春至秋呈红色，尤以春季最为鲜艳，花小，呈白或粉红色，是良好的观叶园林植物。西晋傅玄描述道："植中州之名果兮，结修根于芳园；嘉列树之蔚蔚兮，美弱枝之爰爰。既乃长条四布，密叶重阴，夕景回光，傍阴兰林。于是肃肃晨风，飘飘落英，潜实内结，丰彩外盈；翠质未变，形随运成。清角奏而微酸起，大宫动而和甘生。"（《李赋》）李置于"芳园"，树木茂盛，柔枝舒缓；夕阳返照时，枝条交错，密叶浓荫；晨风吹拂时，落花飘飘，果实内嵌；胎果仍翠之际，不觉自然成型，丰满外露，姿彩诱人。到果实"或朱或黄"之时，在清角声中品味李之酸，在浑厚大宫声中品味李之甜，都恰到好处，"美逾蜜房"！李子令人"见之则心悦，含之则神安"，是名实相符的神州佳果，好看也好吃！

红白兼有而以白色为主的李花，也备受人们喜爱："小小琼英舒嫩白，未饶深紫与轻红。无言路侧谁知味，惟有寻芳蝶与蜂。"（宋·朱淑真《李花》）李花虽然不以"深紫与轻红"见长，但它小巧、润泽、嫩白，不仅令人默默地品赏，也让蝶与蜂流连忘返！

宋代范屏麓的《李花》诗，对李树作了较全面的评价："丽日风和暖，漫山李正开。盈林银缀簇，满树雪成堆。清馥胜秋菊，芳姿比腊梅。"

送春争得不殷勤 阳春三月六候

鸟语花香的盛春二月已过，阳春三月来临。相对于"花开鸟弄会芳春"的盛春，阳春也就变了模样："东风习习吹庭树，知道春权移日驭。青红独解露春心，凝冷无言避春去。"（宋·张咏《阳春曲》）尽管东风还在习习地吹，但是随着时日的推移，属于春天的一切也就逐渐消失了，青柳红桃深知此道，默默地褪去自身的颜色，权作躲避春天而已！

阳春的"春"的"青红"虽然渐渐淡化，好在阳春的春天的"阳"性却仍然在滋长，最明显的就是日平均气温比盛春升高，天气状态向"阳"性转变。

阳春三月虽然还有桐花开、浮萍生，但万紫千红演变成了"草色江南一千里"（元·吾丘衍《十二月乐辞·三月》）；此时"沉香小院莺语涩"（元·吾丘衍《十二月乐辞·三月》），虽有戴胜，可戴胜不歌；本有鸣鸠，可鸠只抚拍翅膀。面对此景，白居易由此深深感叹："四十六时三月尽，送春争得不殷勤！"（《浔阳春·春去》）。

唐代元稹的《咏廿四气诗·清明三月节》云："清明来向晚，山渌正光华。杨柳先飞絮，梧桐续放花。鴽声知化鼠，虹影指天涯。已识风云意，宁愁雨谷赊。"《咏廿四气诗·谷雨三月中》云："谷雨春光晓，山川黛色青。叶间鸣戴胜，泽水长浮萍。暖屋生蚕蚁，喧风引麦葶。鸣鸠徒拂羽，信矣不堪听。"这就是阳春三月中次第发生的六候：桐始华、田鼠化为鴽、虹始见、萍始生、鸣鸠拂其羽、戴胜降于桑。

吴澄对"桐始华"作了辨析，认为桐有三种："华而不实者"曰白桐，"皮青而结实者"曰梧桐，"生于山冈、子大而有油者"曰油桐。桐是大叶乔木的统称，包括玄参科泡桐、梧桐科梧桐、大风子科山桐子、蝶形花亚科刺桐、海桐花科海桐等。"桐始华"指的是泡桐。泡桐属树种都是原产我国，北起辽宁南部，南至广东、广西，东起台湾，西至云贵川都有分布，而且很早就被引种到亚洲各地，遍布全世界。泡桐为落叶乔木，主干直且高达30米，胸径可达2米，常见树皮灰色、灰褐色或灰黑色，单叶对生，叶大呈卵形。泡桐喜光，喜温暖气候，耐干旱能力较强，较耐阴，但耐寒性不强。西晋夏侯湛作《悯桐赋》道："阐洪根以诞茂，丰修干以繁生。纳谷风以疏叶，含春雨以濯茎。濯茎夭夭，布叶蔼蔼。蔚童童以重茂，荫蒙接而相盖。蔽阴澹之南表，覆阳阿之北外。"泡桐虽不在山南水北之地，却有幸得到谷风春雨的滋润，因而能够繁生茂长，根深蒂固，枝叶葱郁，犹如巨大的绿荫华盖，无疑是绿化的好树种。

泡桐木材纹理通直，结构均匀，不挠不裂，不易燃烧，易于加工，油漆染色良好，可供建筑、家具材料使用，特别适合制作航空和舰船模型、胶合板、救生器械等；其纤维素含量高、材色较浅，还是造纸工业的好原料。其根、果性味苦、寒，都可以入药。

东晋郭璞《梧桐赞》云："桐实嘉木，凤凰所栖；爰伐琴瑟，八音克谐。"揭示了泡桐两个典型的文化内涵，一为"凤凰所栖"，"栖梧"源出《诗经·大雅·卷阿》："凤皇鸣矣，于彼高冈。梧桐生矣，于彼朝阳。"郑玄《诗笺》："凤皇之性，非梧桐不栖，非竹实不食。"其根据似乎是《庄子·秋水》中的话："夫鹓（yuān）雏，发于南海而飞于北

桐葩春苑

十三候桐始华
花信：泡桐花

三月三日取鼠耳草汁，蜜和为粉，谓之龙舌拌，以压时气。

《居家必用》

海；非梧桐不止，非练实不食，非醴泉不饮。"凤凰是古代的一种吉祥神鸟，鹓雏是凤凰的别称之一，这是用梧桐比明主，用凤凰比贤才，凤凰择木而栖就是比喻贤才择主而事，这一寓意被后世广泛运用。

二为"焦尾琴"，一般作"焦桐"。《后汉书·蔡邕传》载，蔡邕游吴越时见一人正用一段桐木烧饭，突然听到桐木发出异常声响，赶紧请求那人将这段桐木给他，回家后便用桐木做了一架古琴，演奏出来的乐音非常动听。由于琴尾有烧焦的痕迹，所以名为"焦尾"，后世遂以"焦桐"指代上等好琴。明代陈汝元《金莲记·弹丝》云："音入蓝桥，响振琼瑶，却是羡焦桐一曲巧，芳心顿消。"也作"焦梧桐"："愿倾肺肠事，尽入焦梧桐。"（唐·贾岛《投孟郊》）至于凤栖梧、梧叶题诗等就不多说了。

泡桐花

更无人饯春行色
犹有桐花管领渠

同"桃始华"一样，"桐始华"的花信就是泡桐花本身。泡桐花三月初即开，古代有明确记载，今天有物候记录：华北的河北邢台公历 4 月 7 日左右开，山西太原公历 4 月 9 日左右开；华中的河南洛阳公历 4 月 2 日左右开，湖南常德公历 4 月 8 日左右开；华东的安徽铜陵、江苏南京都是公历 4 月 8 日左右开；西北的陕西宝鸡公历 4 月 9 日左右开；华南的广西桂林公历 3 月 5 日左右开；西南的重庆公历 3 月 10 日左右开。除了华南、西南花期早些，其余地区开花时间大致相同。李时珍解释了泡桐及其命名缘由："桐华成筒，故谓之桐。其材轻虚，色白而有绮文，故俗谓之白桐、泡桐。古谓之椅桐也。"（《本草纲目·桐·释名》）北宋科学家陈翥描述了泡桐花的特征："花先叶而开，白色心赤内凝红。"（《桐谱·二之类属》）泡桐花白色中微微带了点淡紫，也有花心赤红、花萼雪白的，明代大诗人杨慎则借诗句突出对泡桐花主色的惊疑："剪剪寒应尽，霏霏雪不惊。"他乍一看到曲水旁边的一片泡桐花还以为是"霏霏雪"，但一想到春寒早尽，所以才"不惊"。泡桐花较大，是不明显的唇形，略有香味，绽放时满树桐花非常壮观。

还有两个与泡桐花紧密相关的特殊文化典故——桐华布、桐花凤。据范晔《后汉书·西南夷传·哀牢夷》、晋代常璩《华阳国志·南中志》和郭义恭《广志》等记载，桐华布（也称"桐木布"）就是泡桐花细毛织成的布，具有"洁白不受垢污"的特点。桐花凤虽然比较复杂，但据唐代张鷟《朝野佥载》和宋代苏轼相关诗文和明代一些人的考证，桐花凤就是主要分布在我国西南地区的蓝喉太阳鸟，它们经常出现在成都岷江两岸的紫桐上，每当春暮桐花盛开，便翔集桐花之上，以朝露为饮。

鴽助春阳

花信：银杏

十四候田鼠化为鴽

清代马国翰《田鼠化为鴽诗》："化化浑难测，通诸爪象为？鹰鸠新气助，鴽鼠旧形推。""田鼠化为鴽"确实是"化化浑难测"的，"化化"是感化外物，一事物因另一事物而感动，进而变成已非自身的事物，这本身是非常难以推测并理解的，更何况"天化育而无形象，地生长而无计量；浑浑沉沉，孰知其藏"（《淮南子·兵略训》）。"无计量"又"无形象"，生长化育，本身就"浑浑沉沉"的，又有谁能够知道它究竟包藏了什么，它的本性为何！如果必须有个推论，那么就是"鹰鸠新气助，鴽鼠旧形推"。"鹰化为鸠"是因为盛春"生育肃杀气盛"协助了自身的生理变化。"田鼠化为鴽"则也是"阳气盛"使自身形态发生了变化：田鼠因"实循横草处，非复食苗时"而"隐记田深伏"（其实田鼠是昼伏夜出，不会因季节变化而隐伏），鴽则因"拘制情全释，翱翔乐可知"而"身从窔（yǎo，巢穴）转移"。

按照孔颖达的"化"和"为"区分论，马国翰的推论属"反归旧形"的"化"：田鼠是中国特有的复齿鼯鼠。据王福麟《复齿鼯鼠生态的初步研究》等，复齿鼯鼠自宋以来多称寒号鸟、寒号虫，俗名橙足鼯鼠、黄足鼯鼠，是啮齿类小动物，体长30—34厘米；颈背部黄色比背部明显，腹部毛呈灰白色，具淡橙色毛尖，尖端呈黑色；分布在河北、吉林、山西、陕西、甘肃、湖北、福建、四川、云南、贵州、西藏和青海等地。鴽是中国的普通鹌鹑，据赵正阶《中国鸟类志上·鹌鹑》、中科院《中国动物志·鹌鹑》，普通鹌鹑属于鸟纲鸡形目雉科鹑属小鸟，体长17.5—21.5厘米；体型较小而滚圆，羽色多较暗淡，褐色带明显的草黄色矛状条纹及不规则斑纹，雄、雌两性上体均具红褐色及黑色横纹；主要分布在新疆、西藏、青海、陕西、甘肃、河北、吉林、山

是月
初六、初七日沐浴，
令人神爽无厄。

《遵生八笺》

宋·夏圭（传）《月令图·田鼠化为鴽》

西、湖北、四川、云南、贵州等地。阳春三月恰是复齿鼯鼠的妊娠期，也是普通鹌鹑北归的繁殖期，所以都会出现一些"生理变化"。但普通鹌鹑是候鸟，在西藏昌都一带越冬的大约4月开始西北返归新疆的莎车、罗布泊等地；与此同时，在辽宁越冬的北上归内蒙古鄂温克族自治旗、巴里坤哈萨克自治县等地，河北黄河沿岸地区越冬的则西北上归内蒙古巴彦淖尔等地；大约阴历三四月之际，长江中下游地区和东南沿海地区越冬的，则都西北上归西藏东部昌都。这就使得复齿鼯鼠和普通鹌鹑也有"不再复本形"的两个物种之间的此来彼往的现象。

当然，把复齿鼯鼠和普通鹌鹑连在一起，还有它们体形小而滚圆、黄色为主的体色相近："同类还同穴，谁为辨鼷鼩"（清代延清《田鼠化为鴽诗》），觅食活动的场所类似："集河嗤鼹饮，适野幻鹑居"（延清诗），分布的区域大致相同等因素。

银杏

满地翻黄银杏叶

忽惊天地告成功

　　"田鼠化为鴽"的花信是银杏。银杏属银杏科银杏属的落叶乔木，原名白果、公孙树、鸭脚子等，"宋初始入贡，改呼银杏"（明·李时珍《本草纲目》），欧阳修称"绛囊因入贡，银杏贵中州"（《和圣俞李侯家鸭脚子》），为我国特产。它还是中生代孑遗的稀有树种，有"活化石"之称，今仅浙江天目山有野生状态的银杏。银杏"鸭脚类绿李，其名因叶高"（宋·梅尧臣《永叔内翰遗李太博家新生鸭脚》），"秋冬叶纯黄，间枫林中，相错如绣"（明·王世懋《果疏·银杏》）。银杏主要在三月开花，据物候记录，江苏扬州的银杏在公历 4 月 14 日左右开，河北山海关的银杏在公历 5 月 3 日左右开。银杏树形优美，在开花之前叶子萌动，春夏季叶色嫩绿，秋季变成黄色，颇为美观，可作庭园树及行道树。它还是速生的珍贵用材树种，结构细，质轻软，富弹性，易加工，有光泽，不易开裂，不反挠，为优质木材。

　　银杏果具有很高的食用价值，但要煮熟或烤熟后食用，生果则控制在一天十粒左右，过量食用会引起腹痛、发烧、呕吐、抽搐等症状。"神农本草阙，夏禹贡书无"，梅尧臣的诗点明了银杏还具有很高的药用价值，如《本草纲目》："熟食温肺益气，定喘嗽，缩小便，止白浊；生食降痰消毒、杀虫。"银杏果内含黄酮、内酯，以及白果酸、醇、酚，还有鞣酸、抑菌蛋白等有效成分，具有抑制真菌、抗过敏、通血管、改善大脑功能等功效。

古代认为虹有五象："苍无胡者，虹也；赤无胡者，蚩尤旗也；白无胡者，蜺也；冲不屈者，天杵也；直上不诎者，天棓也。"（《京房易传·易飞候》）从主体颜色上看，虹可分为三种：深青或绿而没有"胡"（光晕，后面的"胡"相同）的"虹"；正白色的"蜺"，即霓虹；朱红色的朱虹，即"蚩尤旗"，相传山东汶上蚩尤冢祠，民间每年十月祭祀蚩尤的时候，坟中会升出一道"如匹绛帛"的赤气，人们称其为"蚩尤旗"，这里借指红色的虹。在传统星象学中，"蚩尤旗"是火星精气流转上天而形成的五星之一，在晴空无云之际，人们只能看见那束红色的云，云尾部弯曲如旗帜，故名。从呈现形态上，虹可分为两种：一种类似于

虹绣春锦

花信：牡丹

十五候虹始见

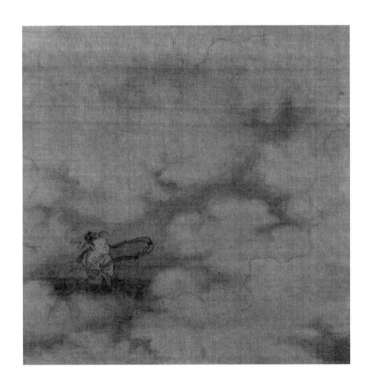

宋·夏圭（传）《月令图·虹始见》

三月心星见辰，出火，禁烟插柳谓厌此耳。寒食有内伤之虞，故令人作秋千蹴鞠之戏以动荡之。

《酉阳杂俎》

"天杵"，天杵是金星精气分散形成的八星之一，体形横直；另一种类似于"天棓"（bàng），天棓是木星的精气流转上天而形成的六星之一，头部近于星，尾部尖锐，长大约四丈，呈竖直形态。产生虹的原因不外乎三种："或言阳以阴胁，或言阴受阳攻，或言枢镇所散，或言雨日所冲。"（明·郑明选《虹赋》）"阴阳"说最普遍，"枢镇所散"说是天枢星所散发的光形成的，"雨日所冲"说最接近于科学。郑明选则进一步说，虹之所以成为虹，并不是什么"淫邪之互交"或"阴阳之正妃"，而是"凭元云以成质，藉太阳而生辉"。元代刘瑾则有更具体而科学的阐述："虹之为质，不映日不成。盖云薄漏日，日映雨气则生也。今以水映日，亦成青红之晕。"（明·胡广等《诗经大全》引）日光透过稀薄的云照射在雨气上，就会产生青红的光晕，这光晕就是虹。今天对天文、气象有所了解的人都知道，与太阳相对的另一半天空中的水滴被阳光照射时，一次内反射而以最小偏向角射出的光，恰好投射到背太阳而立的观测者眼帘，观者看到的弧形光环便是虹。虹是太阳光经多层水滴折射形成的，红光的波长最长，折射率最小，所以我们看到的虹最上面一层的是红光，其次是橙、黄、绿、蓝、靛、紫依次排列。"赤橙黄绿青蓝紫，谁持彩练当空舞！"（毛泽东《菩萨蛮·大柏地》）

虹既然是"日映雨气"而生，那就四季各月中都会有虹，为什么非到阳春三月下旬才"虹始见"呢？马国翰是这样回答的："截得清明雨，晴郊始有虹。随云生缥缈，激日见青红。"三月清明之后便是谷雨，雨水不断增多，晴天也随着增多，气温自然也不断升高，整个中国此时"阳"性增强，"阳"春的平均气温已升到 12 摄氏度以上，三月下旬则再增加到 20 摄氏度至 22 摄氏度，气温升高，使得渗入大地的雨水不断蒸发，"随云生缥缈，激日见青红"，云雾缥缈被晴天的照射，才开始出现彩虹。根据物候记录，即便是属北方的河北山海关，一般在公历 4 月 27 日就首次出现彩虹。

彩虹真的如精巧的绣女，为晚春平添了一段锦绣！

"虹始见"的花信是牡丹。牡丹有鼠姑、鹿韭、白茸、木芍药、百雨金、洛阳花、富贵花等别名，为芍药科芍药属多年生落叶灌木花木。牡丹原产中国，并遍布各省、市、自治区，在温带、寒热和亚热带地区的品种有三百多个，还有日本、美国、法国品种一百余个，河南洛阳、山东菏泽以及北京、甘肃临夏、四川彭州和安徽铜陵是主要产地。牡丹花入列中国十大名花，在清末就成为国花。唐代刘禹锡在《赏牡丹》中便赞道："庭前芍药妖无格，池上芙蕖净少情。唯有牡丹真国色，花开时节动京城。"

牡丹花大色艳，玉笑珠香，风流潇洒，富丽堂皇，花姿绰约，韵压群芳，色、姿、香、韵俱佳，素有"花中之王"的美誉，具有极高的观赏价值。牡丹花有墨紫色、白色、黄色、粉色、红色、紫色、雪青色、绿色等八大色系，花型有单瓣型、荷花型、菊花型、蔷薇型、千层台阁型、托桂型、金环型、皇冠型、绣球型、楼子台阁型等十种。唐代无名氏《牡丹》诗赞道："倾国姿容别，多开富贵家。临轩一赏后，轻薄万千花。"牡丹凭"倾国姿容"和"富贵"气质，令"万千花"逊色。晚唐钱仁侃则突出牡丹的红艳："一花三百朵，含笑向春风。明年三月里，朵朵断肠红。"(《闻牡丹空中吁叹之辞》)

牡丹有珊瑚台、丛中笑、晨红、火炼金丹、娇红、萍实艳、锦帐芙蓉、迎日红、霓虹焕彩、红宝石、脂红、春红娇艳、飞燕红装、银红巧对、胡红、红珠女、璎珞宝珠、玫瑰红、锦云红、石榴红、首案红、红霞争辉、脂红、寿星红、锦袍红等代表性品种。不少地方充分利用牡丹的观赏价值，创建了牡丹景观，如洛阳王城公园、牡丹公园和植物园，菏泽曹州牡丹园、百花园、古今园，另外兰州、北京、西安、南京、苏州、杭州等地，都有不同的观赏园区。牡丹可单株观赏，亦可多株盆栽，摆在家中

牡丹

唯有牡丹真国色
花开时节动京城

可以很好地美化环境。

　　新鲜牡丹花可以直接榨汁制作成一种纯天然的牡丹花汁饮料，搭配绿茶制作成牡丹花绿茶，与薄荷等搭配制作成牡丹薄荷绿茶等。牡丹花还可以酿造出牡丹花酒、牡丹花葡萄酒。明代文学家高濂的《遵生八笺》中载有"牡丹新落瓣也可煎食"，同是明代的王象晋在他的《二如亭群芳谱》中说："牡丹花煎法与玉兰同，可食，可蜜浸"，"花瓣择洗净拖面，麻油煎食至美"。中国不少地方采用牡丹的鲜花瓣做牡丹羹，或配菜添色制作名菜，如牡丹熘鱼片、牡丹爆鸭脯等。

　　野生单瓣根皮入药，称牡丹皮，又名丹皮、粉丹皮、刮丹皮等，性微寒，味苦、辛，以皮厚、肉质、断面色白、粉性足、香气浓、亮星多者为佳。

萍踪春池

十六候萍始生

花信：野蔷薇

清代徐灿《踏莎行·饯春》词云："萍叶将圆，桐华飞了。雕梁不见乌衣到。想应春在五侯家，东风怕拂寒闺草。〇归计苕苕，禅心悄悄。帘前莫问花多少。试将杯酒饯春愁，从今别向修蛾绕。"此人在"归计苕苕，禅心悄悄"举杯送春，眼前的一切就是这样的了：泡桐花凋谢了，百花也有不少飘落了，燕子也不知飞到哪去了……一季的东风此时都不敢再吹花抚草了，唯一值得庆幸的就是应节的浮萍，悄然生长，不久"叶将圆"！

浮萍之幸就幸在它是趁"虹始见"之后、谷雨至之时："春暮萍生早，日落雨飞余。"（唐·董思恭《咏虹》）浮萍为绿色藻类水草，喜欢温和气候和潮湿环境。虹是"日落雨飞"的产物，谷雨则是一年雨水丰沛的开始，浮萍也随水漂浮而生，在阳春日照下大量繁殖，所以"萍始生"成为物候更替、时序渐进之指标。浮萍叶状体对称，呈近圆形、倒卵形或倒卵状椭圆形，叶表面绿色，根白色。这样的浮萍至于阳春，一种特别的景象也就出现了："小靥浮青水拍堤，堤边草色更相宜。一番谷雨晚晴后，万点杨花春尽时。解与曲池藏宝鉴，不教新月妒蛾眉。怪来别岸波光阔，知是渔郎艇子移。"（宋·周知微《浮萍》）生在如明镜般的曲池里，飘荡的浮萍被风吹到了池塘边，池水轻轻地拍着堤岸，小草和浮萍因而得以亲密接触，融合在青青绿意之中。丛丛簇簇的浮萍紧挨堤岸，天上的新月终于有机会利用水面明镜照照自己了，岸边赏萍的美人却不能映照，这或许就是浮萍不让新月难堪的小诡计吧。这时忽然波光开阔了，原来是渔郎的艇子过来了。恬静的情景增添了一点动态，除了动静搭配外，还有蕴意显隐的调剂。情景的展示是显，"万点杨花春尽时"则是隐，即有名的"柳絮化萍"典故。

春尽，
采松花和白糖或蜜作饼，
不惟香味清甘，
自有所益于人。

《万花谷》

宋·夏圭（传）《月令图·萍始生》

比周知微年长的苏轼，在《再次韵曾仲锡荔支》"柳花著水万浮萍，荔实周天两岁星"句后有自注："柳至易成，飞絮落水中，经宿即为浮萍。"苏轼这种"柳絮化萍"观念从哪儿来的呢？其弟苏辙在《柳湖感物》中自注说："尝见野人言，柳花入水为浮萍。"这表明他们兄弟都是从某村民（野人）那儿听来的。自他俩写入诗后至今，竟有千余首诗歌引以为典故，成为中国诗坛的一个奇观！甚至今天还有网友做了十一天的观测实验，最终得出"柳絮入水并不能化为萍"的结论。其实不是"柳絮化萍"，而是浮萍生而柳絮落，典型的物候更替而已！

野蔷薇

朵朵精神叶叶柔
雨晴香拂醉人头

"萍始生"的花信为野蔷薇。野蔷薇为攀缘型落叶小灌木,原产中国华北、华中、华东、华南及西南地区。花色除白色外,清修《临晋县志·物产》还载有:"蔷薇有黄、红、紫、粉红诸色,黄者开早,俗呼三月黄。"宋代诗人杨万里《野蔷薇》诗赞:"红残绿暗已多时,路上山花也则稀。蓦且余春还子细,燕脂浓抹野蔷薇。"野蔷薇在"红残绿暗""山花也稀"之际,能够用白、黄、红、紫、粉红,为春天"浓抹"一次,不仅多姿多彩,也显得格外夺目!

或许正因为野蔷薇在晚春展示花繁叶茂之姿,发出沁人心脾的芳香清幽,而且易繁殖,适应性极强,才成为良好的园林绿化花木,往往被植于溪畔、路旁及园边、地角等处,密集丛生,满枝灿烂,景色颇佳。

野蔷薇根、茎、叶、花及果实含水分、蛋白质、粗纤维、胡萝卜素、烟酸、维生素 C 等,明代农学大师徐光启称野蔷薇可以用来充饥:"采芽叶煠熟,换水浸淘净,油盐调食。"(《农政全书·蔷蘼》)现代还用来泡蔷薇茶,蒸蔷薇酒,熬蔷薇花粥或蔷薇绿豆粥,做蔷薇蒸鱼以及蛋糕、水果塔等甜点、果酱,这些食品具有独特的蔷薇味和清香。

布谷春播

十七候鸣鸠拂其羽

花信：榉柳

"鸣鸠拂其羽，四海皆阳春。"（明·汪应轸《鸠隐》）阳春时节，田鼠化为鴽中虽有黄羽鹌鹑，但它是北归，所以鸣鸠才是飞入阳春的第一批鸟。然而鸣鸠为何物，自汉以来颇有分歧：或认为是鸣叫的斑鸠，或认为是戴胜，或认为是布谷。目前基本采用布谷这一说法。其实鸣鸠与布谷不是一种鸟，鸣鸠是斑鸠中的山斑鸠，布谷是大杜鹃的俗称，它们的区别主要在三方面：一为属性不同。山斑鸠别称山鸠、金背鸠、金背斑鸠、麒麟斑、麒麟鸠、雉鸠、棕背斑鸠、东方斑鸠、绿斑鸠、山鸽子、花翼、大花鸽、大花斑等，为鸽形目鸠鸽科斑鸠属，布谷则是大杜鹃的俗称，大杜鹃还有喀咕、子规、杜宇、郭公、获谷等别称，为鹃形目杜鹃科杜鹃属。二为体长和体色不同。山斑鸠体长26—30厘米，上体呈深色，扇贝斑纹体羽，羽缘棕色，腰灰，尾羽近黑，下体多呈粉色。布谷体长26—32厘米，上体呈纯暗灰色，两翅为暗褐色，翅缘白而杂以褐斑，尾黑，下体白色，杂以黑褐色横斑。三为生活习性不同。山斑鸠雌、雄鸟成双成对飞行和觅食，双栖于树上，飞翔时两翅鼓动频繁，常发出"噗噗"声，鸣声低沉，其声音和节奏是二声一度"ku-ku"，近似"咕咕"，反复重复多次。布谷性孤独，常单独活动，飞行时两翅震动幅度较大却无声响，但叫声凄厉洪亮，其声音和节奏是四声一度，近似"kuk-ku kuk-ku"，人们听起来犹如"布谷布谷"或"快快播谷""快快割麦"，连续鸣叫半小时方稍停息。

山斑鸠和布谷虽然有别，但体长和体色相近，尤其是都是每年阳历4月开始繁殖，因而也具有标明物候的作用，只是方式不同而已。清代延清《鸣鸠拂其羽诗》说得比较明白："鸣鸠拂其羽"，山斑鸠鼓动翅膀"噗噗"飞翔；"日

是月取百合根晒干，捣为面服，能益人。取山药去黑皮，焙干，作面食，大补虚弱，健脾开胃。

《遵生八笺》

宋·夏圭（传）《月令图·鸣鸠拂其羽》

光双翼闪，风韵一腔流"，雌雄比翼双飞，情爱风韵动人。"雌飞则随，雌止则止，雌常在前也"（《禽经》），雄山斑鸠是真正的"护花使者"，那低沉浑厚的"咕咕"，则是它对雌山斑鸠的"爱的呼唤"。"别有鸣春鸟"的布谷，在田头桑间，不遗余力地"布谷布谷"，就是"趋农偕布谷，东作起畦讴"，谱写了一曲令人动容的催春催耕歌。

　　当然，无论是山斑鸠"爱的呼唤"，还是大杜鹃的"布谷布谷"，都是在阳春三月催促人们布谷春播的。

榉柳

蔷薇花欲乱

榉柳叶初齐

"鸣鸠拂其羽"的花信是榉柳。榉柳是枫杨的别名，为胡桃科枫杨属大乔木，高达三十米，胸径达一米，主要分布于华北、华中、华南及西南各地，在长江流域和淮河流域也广泛分布。

元末明初诗人刘崧《双溪》诗云："春风西岭下，表里爱双溪。江雨时时落，山禽夜夜啼。蔷薇花欲乱，榉柳叶初齐。"榉柳喜光却耐水湿、耐寒、耐旱，所以在春风江雨的阳春里，在蔷薇花之后，生叶开花，成为应时节的花信。榉柳为速生性、萌蘖能力强的乔木，树冠广展，枝叶茂密，又对二氧化硫、氯气等抗性强，是河床两岸低洼湿地的良好绿化树、园庭树或行道树，也可成片种植或孤植于草坪及坡地，都可形成一定景观。但叶片有毒，鱼池附近不宜栽植。它还具有较高的经济价值，树皮和枝皮含鞣质，可提取栲胶，亦可作纤维原料；果实可作饲料和酿酒，种子还可榨油。

榉柳皮和叶都可以入药。皮称枫柳皮，性味辛苦、温，有小毒，但能祛风止痛，杀虫，敛疮。

在山斑鸠、大杜鹃催春播谷之后，戴胜飞来降栖于桑。戴胜（戴𪃎、戴纴、戴任），又名胡哱哱、花蒲扇、山和尚、鸡冠鸟、臭姑鸪，是犀鸟目戴胜科戴胜属具代表性的鸟。其头侧和后颈呈淡棕色，上背和肩呈灰棕色，下背黑色而杂有淡棕白色宽阔横斑，最具特色的是它头顶那长而阔、呈扇形的五彩羽毛冠，如妇女所戴花胜（以剪彩做的一种首饰），所以才有"戴胜"之名。戴胜性情较为驯善，鸣叫时喉颈部伸长而鼓起，头前伸，一边行走一边不断点头，发出粗壮而低沉的"扑、扑、扑"叫声，美丽羽冠也随之一起一伏，富独特的情趣。

唐代诗人有诗咏戴胜："季春三月里，戴胜下桑来。映日花冠动，迎风绣羽开。候惊蚕事晚，织向女工裁。旅宿依花定，轻飞绕树回。欲过高阁柳，更拂小庭梅。"（张何《织鸟》）"季春三月"是戴胜一年之中首次高调进入人们视野的时间，它以"映日花冠动，迎风绣羽开"的惊艳身姿，凭绕树飞花的敏捷动态，引起了人们足够的关注，然而它最重要的任务则是降栖于桑树。"此时恒在于桑，盖蚕将生之候矣"（东晋·郭璞《尔雅注》），再以低昂的鸣叫，催促妇女们，桑事开始了，蚕事也近了！正因为这一与农事的春播前后呼应的特殊功效，戴胜才被称为"戴纴""织鸟"。晚唐诗人王建非常赞赏它的这一物候作用："可怜白鹭满绿池，不如戴胜知天时！"（《戴胜词》）元代李瓒对它的评价更为全面："戴胜来，降于桑。采采丽羽何清扬，天时《月令》仍相当。"（《戴胜吟》）戴胜降于桑并非仅仅在于丽羽清扬，重要的是它如《月令》般的物候权威性，提醒人们"蚕成缫丝秧及莳"（《戴胜吟》）。

戴胜还因它头顶五彩羽毛冠、尖长细窄的小嘴、错落有

笃顾春蚕

十八候戴胜降于桑

花信：迎夏

孙真人曰：
肾气以息，心气渐临，
木气正旺，
宜减甘增辛，补精益气。
慎避西风，宜懒散形骸，
便宜安泰，以顺天时。

《遵生八笺》

致的羽纹等独特的外形、忠贞不渝的习性，自古以来就是宗教和传说中的象征物之一。唐代诗人贾岛有《题戴胜》诗："星点花冠道士衣，紫阳宫女化身飞。能传上界春消息，若到蓬山莫放归。"这就把戴胜完全道教化了，它成了道姑，成了紫阳宫女，是蓬莱仙岛的春的使者！道教化戴胜并非自唐开始，先秦就有"西王母其状如人，豹尾虎齿而善啸，蓬发戴胜"（《山海经·西山经》）的记载。佛教东传，戴胜就成了佛法僧目戴胜科的唯一品种。

迎夏

却酕醉脸未归来

刚被东风留住着

"戴胜降于桑"的花信是迎夏。迎夏又名探春花、鸡蛋黄、牛虱子，为木樨科茉莉属直立或攀缘半常绿灌木。原产我国，主要分布于河北、陕西南部、山东、河南西部、湖北西部、四川、贵州北部，生长于海拔 2000 米以下的坡地、山谷或林中。迎夏为小枝，呈褐色或黄绿色，当年生的枝为草绿色，扭曲且光滑无毛，并有四棱角；叶为互生奇数羽状复叶，卵形或长椭圆状卵形；花冠金黄色，花形比迎春花稍大。

迎夏株态优美，叶丛翠绿，阳春三月开花，花色金黄，清香四溢，广泛适用于各种园景的布置，或配植池边、溪畔、悬岩、石缝，在园林中则常丛植在高大乔木之下，或石旁或依山靠水，亦可庭前阶旁丛植。公园草坪边缘和丛林周围可成片种植，或作花径、花丛；还可盆栽制作盆景、切花。将花枝瓶插，花期可维持月余，且枝条能在水中生根。宋代张明中颂迎夏花云："飞琼将命下瑶台，欲探新春口未开。刚被东风留住着，却酕醉脸未归来。"(《诸公咏探春花二首·其一》) 诗把迎夏比作欲从瑶台下凡探春的仙女，无奈被"东风留住"(即被发现扣留)，因而脸如醉后酕红，比拟独特，很富情态!

迎夏的嫩花还能够炒食，其味甘甜。

叶阴迎夏已清和　朱夏四月六候

清代"最为大雅"的词家曹贞吉有首《蝶恋花》词，说的是春去夏来的情怀："三月桐华莺哺子。百啭声中，一串骊珠碎。过了清明无意思，秋千还挂垂杨里。〇墙下樱桃才谢蕊。颗颗珊瑚，已浸馋牙齿。万紫千红同逝水，几番风雨春归矣。"自从清明过后一切就都"无意思"了，常在盛春激荡的秋千也就孤零零地挂在"垂杨里"，黄莺百啭的清音已经"珠碎"了，泡桐花絮早已飘落，樱桃花蕊又在凋谢，解馋浸心的樱桃也没有了，这真是："万紫千红同逝水，几番风雨春归矣！"

抒情的挽春词不免令人伤感，然而新来的夏也令人有几分期待："花萼败春多寂寞，叶阴迎夏已清和。鹂黄好鸟摇红树，细白佳人著紫罗。"（唐·钱起《早夏》）其中最值得期待的是"叶阴迎夏已清和"。俗话说，春生、夏长、秋收、冬藏，时序进入夏天以后，春天播种的植物已经直立长大了，农作物进入生长旺季，出现了万物繁茂的景象，也造就了"叶阴迎夏"的绿意。"清和"就是形成了晴朗和暖的天气。按现代气候学平均气温的划分标准，日平均气温稳定升达 22 摄氏度以上为夏季开始，这只是一个理论值，按此标准，此时除了海南为代表的华南已经进入夏天外，其他地区实际上都还停留在晚春。也正为如此，才有"绿阴朱夏回清暑"（宋·冯取洽《贺新郎·次玉林见寿韵》）。朱夏（即夏季）随着绿阴回归了"清暑"，朱夏的清和及其景象也在唐代将军诗人高骈的笔下展现出了："绿树阴浓夏日长，楼台倒影入池塘。水晶帘动微风起，满架蔷薇一院香。"（《山亭夏日》）夏令时——"夏日长"，朱夏景——"绿树阴浓"、夏池倒影、微风动帘、蔷薇香院，虽然楼台、水晶帘、蔷薇院有浓浓的富贵气，但相对而言，朱夏的日均温只是比春天高了约 8 摄氏度，在"绿树阴浓"下，无论城镇或乡下、富贵或贫穷，人们的感觉都是实实在在的"清和"。腹有诗书的将军高骈，描绘朱夏的词章就一个字："赞！"至于黄莺红树、紫罗佳人，也非一般人都需要期盼的!

"清和"的朱夏最大众化的一面，在"诗鬼"李贺诗中是这样的："晓凉暮凉树如盖，千山浓绿生云外。依微香雨过清氛，腻叶蟠花照曲门。"（《河南府试十二月乐词·四月》）正因为有了这凉树浓绿、清风香雨，朱夏四月中次第发生的六候是：蝼蝈鸣、蚯蚓出、王瓜生、苦菜秀、靡草死、麦秋至。

进入夏季首先发声的是蝼蝈："四月维孟夏，六阳云已盈。靡草夕凋瘁，蝼蝈晨悲鸣。运序迭衰王，万汇纷枯荣。"（明·释宗泐《杂诗十一首·其十》）身为高僧的宗泐，总是具有悲天悯人的情怀。"六阳云已盈"，古人认为，天的阳气自十一月开始上升，一直到来年四月为止，连续六个月上升，故合称"六阳"。朱夏四月正是六阳已满之时，但此时继续晚春的状态，"靡草夕凋瘁，蝼蝈晨悲鸣"，傍晚看见葶苈的"凋瘁"，一觉醒来就听到了蝼蝈的"悲鸣"，随着时序的推移，社会接连兴衰，万物也纷纷此枯彼荣，确实令人感喟！

感喟之余，"蝼蝈鸣"这一候应中的"蝼蝈"究竟为何

宋·夏圭（传）《月令图·蝼蝈鸣》

蝼鸣夏泽

花信：鸢尾
十九候蝼蝈鸣

夏谓蕃秀，天地气交，
万物华实，夜卧早起，
无厌于日。
使志无怒，使华成实，
使气得泄。
此夏气之应，养长之道也。
逆之则伤心，秋发痎疟，
奉收者少，冬至病重。

《养生论》

物，至今仍然是各执一端：《尔雅》《说文》《古今注》等认为是鼫鼠，《埤雅》《本草纲目》等认为是臭虫，郑玄、陆德明等则认为是蛤蟆或蛙，蔡邕等认为是蝼蛄，不一而足。我们筛选一下就大致有答案：首先臭虫不"鸣"；其次鼫鼠性喜安静，只在春季交配前相互呼唤才有叫声，夏季就不叫了；剩下的蛙和蝼蛄都会叫，但蛙通常在夏天的雨后或夏末求偶时叫，还会在驱赶入侵自己领地的青蛙时或受到伤害求救时叫，因而难以作候应。蝼蛄则只有雄蝼蛄在夏初求偶之时鸣叫。

蝼蛄，属直翅目蝼蛄科昆虫。全世界已知约五十种，中国已知四种：华北蝼蛄、非洲蝼蛄（应该是东方蝼蛄，一般在长江以南较多）、欧洲蝼蛄和台湾蝼蛄。"蝼蝈鸣"的蝼蛄就是华北蝼蛄，它又名土狗、蝼蝈，俗名拉拉蛄。蝼蛄成虫体长在 4—5 厘米，呈黄褐至暗褐色，腹部近圆筒形，背面黑褐色，腹面黄褐色，尾须长约为体长之半。宋代宰相、促织专家贾似道的七绝《论蝼蝈形》云："蝼蝈之形最难相，牙长腿短头尖亮。尾豁过肩三二分，正是雌头拖肚样。"算是把"最难相"的蝼蛄形态作了点睛式的描述。华北蝼蛄全国各地都有，但主要在北方地区，是一种杂食性害虫，主要咬食植物的地下部分，能危害多种园林植物的花卉、果木、林木和多种球根、块茎植物。蝼蛄在地表下形成长条隧道危害幼苗，当 10 厘米深土温达 8 摄氏度左右时，若虫开始上升危害；地面可见长约 10 厘米的虚土隧道时，就是公历 4 月、5 月之交，土壤相对湿度达 22%—27% 时，危害最重。

"蝼蝈鸣"不仅告诉人们入夏了，同时也在警告人们，它们要危害庄稼了！

鸢尾

天门冬夏鸢尾翔
香芸台阁龙骨蜕

"蝼蝈鸣"的花信是鸢尾。鸢尾别名乌鸢、扁竹花、蝴蝶花、紫蝴蝶、蓝蝴蝶、蛤蟆七、青蛙七、蜞马七、搜山狗、冷水丹、豆豉叶、扁竹叶、燕子花、土知母、屋顶鸢尾、扁竹花等，属鸢尾科鸢尾属多年生草本。鸢尾根状茎粗壮，匍匐多节，呈浅黄色；叶基生，为黄绿色，宽剑形；花青紫色，上面有白色或蓝色的鸡冠状突起；蒴果为长椭圆形。

鸢尾花喜水湿、微酸性土壤，耐半阴或喜半阴，因而适合生于林下、山脚及溪边的潮湿地。它为中国原产，分布于西南及山西、陕西、甘肃、江苏、安徽、浙江、江西、福建、湖北、湖南、广西等地。

鸢尾花叶片碧绿青翠，花形大而奇，花色青紫，色调丰富，宛若翩翩彩蝶，是园林重要花卉之一。它既可以在花坛、庭园广泛栽培，也是优美的盆花、切花的良好材料，还可用作地被植物。在中国，它常用以象征爱情和友谊的真挚和久远，也用来赠人并祝鹏程万里，前途无量，明察秋毫。

鸢尾具有一定的药用价值。《神农本草经》《名医别录》《吴普本草》《证类本草》《民间常用草药汇编》等记载，它的根状茎可以入药，性味苦、辛、平，有小毒。

応蝼蛄之声而出的是蚯蚓："夏夜雨欲作，傍砌蚯蚓吟。念尔无筋骨，也应天地心。"（唐·卢仝《夏夜闻蚯蚓吟》）蚯蚓能感知晴雨："雨则先出，晴则夜鸣。"（李时珍《本草纲目》）现在与蚯蚓相关的气象谚语也不少：预示有雨的"蚯蚓堆粪，雨淋地湿"，"蚯蚓身带土，不雨也雾露"，"蚯蚓封洞有大雨"，"蚯蚓路上爬，雨水乱如麻"，预示无雨的"蚯蚓雨里叫，有雨没多少"。同样是出来，但时间不同，晴雨有别："蚯蚓早出晴，暮出雨。"卢仝对蚯蚓的这种感应之心、"应天地心"，非常赞叹。

无筋骨的蚯蚓，其实非同寻常。蚯蚓又名地龙、曲蟮、坚蚕、引无、却行、寒欣、鸣砌、地起翘、阮善等，是环节动物之一。据统计，世界上有蚯蚓三千余种，中国也有两百多种。蚯蚓通过取食、消化、排泄蚯蚓粪、分泌黏液和掘穴等活动，对土壤过程的物质循环和能量传递做贡献，被称为"生态系统工程师"。

蚯蚓喜欢穴居于低湿疏松的泥土里，最佳的生存温度 18—27 摄氏度，这正好是初夏时节的日均温，所以到了初夏，蚯蚓开始从土壤中钻到地面上来。元代学者吴澄引《集解》揭示了蚯蚓出的原因："阴而屈者，乘阳而伸见也。"清代马国翰赞叹蚯蚓这一"出"："漫轻蚯蚓窍，出应夏清和。巨擘呼名肖，无心逐化过。缩藏邱穴久，却步引申多。"（《蚯蚓出诗》）不要小看了它的"出"功，既解决了缩藏太久、引伸多步的自身处境，更是为了"出应夏清和"，报告时令。

蚓出夏清

二十候蚯蚓出

花信：石榴

内经曰：
夏季不可枕冷石并铁物取凉，大损人目。

《遵生八笺》

宋·夏圭（传）《月令图·蚯蚓出》

石榴

猩血谁教染绛囊
绿云堆里润生香

"蚯蚓出"的花信是石榴。石榴为石榴科石榴属落叶乔木或灌木，在中国已有两千多年的栽培史，除极寒地区外，南北各地均有栽培。目前石榴有四十余种，通常分为果石榴和花石榴两种，除了"四时开花，秋结实"（明·王象晋《群芳谱·石榴花》）的四季榴外，基本都在朱夏四月开花，果石榴花期约两个月，花石榴则长达半年之久。花石榴既可观花又可观果，按照其株形、花色及叶片大小可分为普通花石榴（小乔木）和矮生花石榴。相对而言，矮生花石榴（灌木）树冠极矮小，枝条细软，叶狭长，线状或窄披针形，花果也都比较小，所以大多用来盆栽观赏。

普通花石榴主要有九个小品种：红石榴（又称大果石榴）花大瓣、红色，果大；殷红石榴花水红色，单瓣或重瓣；千瓣白石榴花白色，重瓣；银石榴（又称白石榴）花近白色，单瓣，果黄白色；黄石榴花单瓣微黄，果皮黄色，花重瓣者叫千瓣黄石榴或玛瑙石榴；重台石榴（又称楼子）花瓣密集、硕大，层叠如台，蕊珠如火；并蒂石榴枝梢花并蒂而开，十分奇异美观。尤为突出的是千瓣红石榴和牡丹花石榴。千瓣红石榴（又称海棠花石榴）叶片较小、花瓣极多，花色鲜红至浓红，十分艳丽夺目，是观花石榴的佼佼者。元代张弘范《榴花》赞道："猩血谁教染绛囊，绿云堆里润生香。游蜂错认枝头火，忙驾薰风过短墙。"千瓣红石榴如炎焰突出绿云，令游蜂误认为是火，赶紧逃窜，美而情趣盎然！牡丹花石榴萼筒鲜红色，花冠硕大，花瓣数上百片，花开时犹如盛开的牡丹花，是花石榴中的稀有品。

花石榴树姿优美，枝叶秀丽，初春嫩叶抽绿，婀娜多姿；盛夏繁花似锦，色彩鲜艳；秋季累果悬挂，具有极高的观赏价值。果富含维生素 C、钙质及磷质，有润燥和收敛功效。

"先占蚓出候王瓜"，这是明末清初彭孙贻的诗句，"王瓜生"是紧承"蚯蚓出"候的候应。

王瓜是什么植物，在古代文献中有不少分歧，吴澄《集解》释"王瓜生"时列举了三个：郑玄《礼记·月令注》"萆挈"（bìqiè）、《本草》"菝葜"（báqiā）、陶渊明对菝葜的辩解等。除了吴澄所列举的还有《尔雅》"菟（tù）瓜"、郭璞注的"钩蒌"、陆机的"栝楼"等。这些对王瓜的确指的确不太准确。钩蒌是野甜瓜，菟瓜是与王瓜相似的瓜，栝楼也是与王瓜的藤叶相似但瓜果更大的瓜，菝葜是落叶攀缘状灌木金刚刺。萆挈为王瓜别名仅为郑玄的一家之言。清代马国翰在《王瓜生诗》也感叹莫衷一是的王瓜名："大

宋·夏圭（传）《月令图·王瓜生》

蕡滋夏苗

花信：夏鹃

二十一候王瓜生

收画，未梅雨前，
逐幅抹去蒸痕，
日中晒晾令燥，紧卷入匣，
以厚纸糊匣口四围，
梅后方开。

《遵生八笺》

以王名赐，生知蓏即瓜。藤姑堪订注，菝葜莫争哗。"

现在我们都知道，王瓜为葫芦科栝楼属多年生草质攀缘藤本植物，生于山坡疏林或灌丛等处，在华东、华中、华南和西南均有分布。其块根呈肥大的纺锤形，花冠白色，果实为卵圆形，橙红色。清代延清《王瓜生诗》大致揭示了这些特性："带攒黄琐碎，蔓引翠纵横。香有兰堪伍，嫌无李与争。瓠殊犀白质，花匹牡丹名。破玉纷含子，藏金早伏庚。"首先是王瓜的攀缘藤本性，然后它的花具有与牡丹相似的色、与兰相近的香，它的果外表不同于葫芦瓜的白（王瓜是橙红色），但是里面的瓜瓤和瓜子却是如犀如玉一般。

明代陶益《喜王瓜》诗："路入东昌停客棹，时逢长夏觅王瓜。萦藤摘去初悬实，并蒂持来尚带花。即见雪梨差可拟，因知冰藕未全夸。炎途得尔心偏喜，欲学青门老圃家。"在长夏难耐之际，诗人驾船外出，他要干什么呢？在寻觅王瓜，为什么要寻觅王瓜？答案是他要欣赏花以及未全落蒂的新瓜，先是挂起来欣赏，再把两个新瓜并排欣赏，够痴迷了吧；然后品瓜，一切开瓜瓤如同雪梨般的乳白滋润，一吃下去如同冰藕般的清爽沁心！正因为王瓜可观赏、可食用，清乾隆《新郑一县志》载："四月，王瓜初生摘售，以相送一谓之进鲜。"这种进鲜的民俗至今尚存。

王瓜不仅可食用，它的果实、种子、根均可入药，名为王瓜、王瓜子、王瓜根、赤雹子等，据《中华本草》《医学入门》《本草再新》《本草撮要》《日用本草》等记载，王瓜味苦，性寒，归心、肾经，具有清热、生津、化瘀、通乳之功效。

夏鹃

杜鹃踯躅正开时
自是山家一段奇

"王瓜生"的花信是夏鹃。全世界的杜鹃属物种有九百多种，杜鹃花分为五大品系：春鹃品系、夏鹃品系、西鹃品系、东鹃品系、高山杜鹃品系。夏鹃的主要亲本据说是皋月杜鹃、五月杜鹃，为开张性常绿灌木，株形低矮，发枝力特强，树冠丰满，耐修剪。春天先长枝发叶，夏天才开花，所以叫"夏鹃"。花冠呈宽喇叭状，口径一般大约5厘米，大的有7—8厘米；花型有单瓣、重瓣和套瓣等，花色有黄、红、白、紫四色等。清代词人陈维崧在《夏初临·杜鹃花同云臣赋》上阕描述道："昨夜枝头，问谁啼血，洒来并入花丛。纵使春归，也须偷注殷红。为伊细数行踪。记乡关、栈阁千重。曾随花蕊，葭萌驿前，一路飘蓬。"点明了杜鹃命名的由来为杜鹃啼血，生长的环境是乡关、栈阁、驿站，花开在春刚刚归去的初夏，花色殷红。夏鹃体小，花期在杜鹃中相对较长，从公历5月中旬至6月，可持续到7—8月，花瓣、花色多样。适宜群植于湿润而有庇荫的林下、岩际、溪边、池畔及草坪边缘；在建筑物背阴面可作花篱、花丛配植，也可作阳台、庭院栽培。

清康熙帝赐高士奇《咏杜鹃花》诗："石岩如火本天台，秀质丹心日月催。移根禁苑清诗句，朱夏山林惜茂才。"王世懋《花疏·山踯躅》记载，石岩是"花之红者杜鹃，叶细、花小、色鲜、瓣密者，曰石岩。皆结数重台，自浙而至，颇难畜余干安仁间，遍山如火，即山踯躅也"。由此可见，石岩、山踯躅就是天台云锦杜鹃，是最典型的红杜鹃，也是朱夏四月中山野、禁苑提供的最好诗材。

"王瓜后，靡草前，荠却苦，荼却甘。贝母花哆哆，龙葵叶团团。苦菜，苦菜，空山自有闲人爱，竹箸木瓢越甜煞。"这是宋代王质《山水友余辞》吟咏的苦菜。苦菜出现的时间是王瓜生后、靡草死前，它的叶似龙葵，花瓣似贝母，深得"闲人爱"，可到多苦菜的田野以及山坡林下、林缘和灌丛中去寻觅。

苦菜是苦丁菜的俗称和通称，为菊科多年生草本植物苦丁菜的嫩叶。苦菜在古籍中有不同的名称：《诗经》称荼（《邶风·谷风》）、苦（《唐风·采苓》）、芑（qǐ，《小雅·采芑》），《礼记》称苦菜，《名医别录》称游冬，《嘉祐本草》称苦苣，《本草图经》称水苦荬（mǎi）、谢婆菜，《本草纲目》称苦荬、天香菜、半边山，《救荒本草》称老鹳菜，《日用本草》称褊苣，等等；在中药中为败酱草、苦叶苗、活血草、苦麻菜、小苦苣、黄鼠草，因地域不同名称各异，分别有苦苣菜、苣荬菜、花叶滇苦菜、短裂苦苣菜、长裂苦苣菜、南苦荬菜、全叶苦苣菜、续断菊、沼生苦苣菜，以及滨州的蛐蛐菜等十种名称。

苦菜有白花、黄花两种，李时珍《本草纲目》中说，白花"南人采嫩者，曝蒸作菜食。黄花者味较苦，均入药，功效相似"，可见苦菜具有食用和药用价值。单凭口感在青黄不接、粮食歉收或荒月时节，白花苦菜就是古人最好的补给食品了。明代黄正色《苦荬》云："盘飧（sūn）落落对瓜畦，杜撰人间苦荬斋。嫩绿浮羹纯让滑，微酸入口舌应迷。野人生计谁云薄，藿食家风未是低。"苦菜食肴有"嫩绿浮羹"的色相，有"微酸入口"的味道，同时它也是平民的生计所需，等同于粗茶淡饭。

朱夏四月的"苦菜秀"，所谓"秀"，即"不荣而实谓

收书于未梅雨时，
开阁厨晾燥，
随即闭门，
内放七里香花或梓脑，
不生蠹鱼。

《遵生八笺》

宋·夏圭（传）《月令图·苦菜秀》

之秀，荣而不实谓之英，此苦菜宜言英也"（《尔雅》），就是说，此时的苦菜处于"荣而不实"时期，已经枝繁叶茂，可供采食了。

芍药

温馨熟美鲜香起
似笑无言习君子

"苦菜秀"的花信是芍药。清代张英《广园花十二候歌》云："勺药春残夏犹浅，杜鹃花照东西蠮。"夏鹃之后就是芍药。芍药又名将离、离草、婪尾春、余容、没骨花、红药等，是芍药科芍药属多年生草本花卉。它分布于东北、华北、华东、陕西及甘肃南部等地，各城市公园也有栽培。芍药根粗壮，茎高 40—70 厘米，开花数朵，生茎顶和叶腋，有时仅顶端一朵开放，而近顶端叶腋处有发育不好的花芽，花瓣各色。

宋代苏颂《本草图经》记载："春生红芽，作丛茎，上三枝五叶，似牡丹。而狭长高一二尺，夏开花，有红白紫数种，子似牡丹而小。秋时采根，根亦有赤白二色。"芍药较有名的品种主要集中在山东菏泽和河南洛阳，如锦带围、西施粉、粉银针、美人面、索花魁、朱砂粉、白玉冰、黄金轮、冰青、杨妃出浴、紫凤朝阳、乌龙探海、银线绣红袍等。花单瓣或重瓣，有黄、白、粉红、紫等色，以红色最佳。唐代元稹《红芍药》诗云："芍药绽红绡，巴篱织青琐。繁丝蔟金蕊，高焰当炉火。剪刻彤云片，开张赤霞裹。"诗为了突出"红"，使用了"红绡""高焰""彤云""赤霞"等比喻，有色、有彩、有声、有动、有静，可谓妙笔生花！

芍药是中国的传统名花，适宜布置专类花坛、花径或散植于林缘、山石畔和庭院中，也适于盆栽和提供鲜切花。芍药的块根可以入药，有解仓、犁食、白木、馀容、小牡丹等名称，性微寒，味苦，有凉血、散瘀功能。

世事难料，"苦菜秀"候开始才五天，靡草竟然死了！

这就要从靡草自身说起。靡草在文献中有两种突出的认定：元代陈澔《礼记集说·月令》认为靡草是"草之枝叶而靡细者"，不是一种草，而是一批种属不同的草；东汉郑玄《礼记·月令注》认为靡草是"葶苈之属"，实际偏指葶苈。相对而言，作为候应物应该不能用不同种属的事物，而且草的枝叶一般都是"靡细"的，没有区分度，而且认定"靡细"才会"不胜至阳而死"，是因为气温太高被晒死了，这一推定完全不合实际，前面我们就已经明确了朱夏四月的日均温才18摄氏度，这样的温度是没有杀伤力的！所以"靡细"说很难成立，而"葶苈"说则更符合七十二候编订的本意。正因为如此，宋代鲍景翔等都采用"葶苈"说，孔颖达在《礼记正义·月令》中的注疏补充说："葶苈之属，以其枝叶靡细，故云靡草。"清代延清的《靡草死诗》更做了总结式的宣示："草香仍靡靡，葶苈辨未讹。肠断相思久，心抽不死何？枯非因夏至，歇亦为春过。"葶苈是靡草并有草香，是真实的，不需要再作无谓的争辩，通过断肠抽心般的思考，葶苈枯萎以至于死，与春过或夏至没有必然关联。

宋代苏颂《名医别录》指出："今汴东、陕西、河北州郡皆有之，曹州者尤佳，初春生苗，叶高六七寸，似荠根，白色，枝茎俱青，三月开花，微黄，结角子，扁小如黍粒，微长，黄色，月令孟夏之月，靡草死。"葶苈，又名宽叶葶苈、光果葶苈，为罂粟目十字花科一年或二年生草本花卉，其茎直立，单一或分枝，疏生叶片或无叶，但分枝茎有叶片，东北、华北、华东的江苏和浙江，西北、西南的四川及西藏均有分布，可在田边路旁、山坡草地及河谷湿地等地

献身夏节

二十三候靡草死

花信：合欢

此月宜晚卧早起，感受天地之精气，令人寿长。

《遵生八笺》

宋·夏圭（传）《月令图·靡草死》

生长，具有很强的适应能力。一般萧秋七月开始播种，正冬十一月即可破土出苗，次年春天苗已长成，阳春三月开花，到朱夏四月就自然死亡了。这就是延清所说的"枯非因夏至，歇亦为春过"，并非因为阴阳或者其他外界因素导致它死亡的。也正因为如此，古代物候观察和记录、确定者，才把随处可见的葶苈的生死作为物候的标志。

葶苈入药名为葶苈子，在立夏后采摘果实，阴干后备用，可制成葶苈散、葶苈丸，性味微甘苦，具有破坚逐邪、泻肺行水、祛痰平喘的功效。它的种子含油，可供制皂工业用。

合欢

夜合枝头别有春
坐含风露入清晨

"靡草死"的花信是合欢。合欢又名马缨花、绒花树、萌葛、合昏、夜合等，为蔷薇目豆科落叶乔木。原产中国，广泛分布于华东、华南、西南，以及辽宁、河北、河南、陕西等省。合欢喜温暖，耐寒、耐旱、耐土壤瘠薄及轻度盐碱，对二氧化硫、氯化氢等有害气体有较强的抗性，对气候和土壤适应性也强，但不耐水涝，生长迅速。"合欢树似梧桐，枝叶繁，互相交结。每风来，辄身相解，了不相牵。"（西晋·崔豹《古今注·合欢》）这点明了合欢树形的一般特点，重点在连理枝的解说，平时连理，有风则迅速分解，颇具传奇色彩！

合欢树形奇特，其头状花序于枝顶排成圆锥形，合瓣花冠，雄蕊多条，淡红色，花粉红色，因而宋代药物学家寇宗奭《本草衍义》对合欢花特别欣赏："其色如今之蘸晕，线上半白，下半肉红；散垂如丝，为花之异。"合欢的树叶也奇特——昼开夜合。叶子因为受到光线的刺激而发生变化，白天舒张，晚上光线变暗则萎缩，就像合起来的伞。明代诗人李东阳有《夜合花》诗赞道："夜合枝头别有春，坐含风露入清晨。任他明月能相照，敛尽芳心不向人。"诗中写了合欢叶夜合的奇异景象。合欢被广泛用来作行道树、园景树，还可以作绿化树和生态保护树等。嫩叶可食，老叶可以洗衣服；树皮供药用，有驱虫之效。

合欢味甘，性平，归心、肝经，还含有合欢甙、鞣质，可解郁安神，理气开胃，活络止痛。合欢木材红褐色，纹理直，结构细，干燥时易裂，可制家具、枕木等；树皮还可提制栲胶。

麦黄夏熟

二十四候麦秋至

花信：楝花

四月就是一个青黄不接的朱夏，或许民以食为天，这个月的物候候应物相继出现有"王瓜生""苦菜秀"，都是可以救饥（或救荒）的。"麦秋至"的麦不仅可以救饥，还是一些地区的主粮。

麦是一年生或二年生草本谷类作物，主要有四种：小麦，别名麸麦、浮麦；大麦，别名牟麦、饭麦、赤膊麦，西北的青稞别称元麦、米麦，也是大麦的一种；燕麦和黑麦，别称裸麦。大致而言，麦子主要作粮食或作精饲料、酿酒、制饴糖等，秆可用于编织或造纸。那作为夏熟的麦子是哪一种呢？该是燕麦。

燕麦在《尔雅》又名雀麦、蘥（yuè），《本草纲目》名牛星草，《外台秘要》名杜姥草，通称燕麦或雀麦："此野麦也。燕雀所食，故名。"（李时珍《本草纲目》）徐光启考证认为，燕麦"生于荒野林下，今处处有之"，苗"似麦撺葶，但细弱，叶亦瘦细，拂茎而生结，细长穗，其麦粒极细小，味甘"（《农政全书》），这个说法比较科学。它主要分两种，一种是皮燕麦，成熟后带壳；一种是裸燕麦，裸燕麦又称油麦、莜麦，成熟后不带壳。我国主要产裸燕麦，南方和北方都有，但主要产出燕麦的省份有：河北、内蒙古、山西、甘肃，这四个省区的种植面积和产量，约占全国的90%。其次是宁夏、陕西、青海、四川、云南、贵州山区。每个产区都有与之相适应的品种类型，各生态类型的差异明显，据研究主要有六个：北方丘陵山区旱地早熟生态型、华北早熟生态型、北方丘陵旱地中晚熟生态型、北方滩川地中熟生态型、西南高山生态型和西南平坝生态区型。从物候期来看，燕麦要经历种子萌发、出苗、分蘖、拔节、抽穗、开花、成熟等主要生育时期。这六型中，北方晚熟生态型、

孙真人曰：

是月肝脏已病，心脏渐壮，宜增酸减苦，以补肾助肝，调养胃气。

勿受西北二方暴风，勿接阴以壮肾水，当静养以息心火。

勿与淫接，以宁其神，以自强不息，天地化生之机。

《遵生八笺》

宋·夏圭（传）《月令图·麦秋至》

中熟生态型是夏季播种的，华北早熟生态型 6 月中下旬成熟，西南高山生态型是 5 月中旬成熟，所以最符合"麦秋至"的就是西南平坝生态区型的燕麦，它在 4 月下旬成熟。传为春秋管仲所著的《管子·轻重己》记载："以春日至始，数九十二日，谓之夏至，而麦熟。"如果不是特别精确，如东汉蔡邕所说："百谷各以其初生为春，熟为秋，故麦以孟夏为秋。"（《月令章句》）那么在夏天成熟的华北早熟生态型和西南高山生态型，都可以看作"麦秋"的燕麦品种。燕麦就是"麦秋至"所指的候应物。

楝花

绿树菲菲紫白香

犹堪缠黍吊沉湘

"麦秋至"的花信是楝花。苦楝又名楝树、紫花树、楝枣子、火棯树、花心树、苦辣树、洋花森等，为楝科楝属落叶乔木，多生于路旁、坡脚，或栽于屋旁、篱边，分布于黄河流域以南、华东及华南等地。苦楝树形潇洒，枝叶秀丽，花淡雅芳香，又耐烟尘、抗污染并能杀菌，适宜作庭荫树、行道树、疗养林的树种，也是用于绿化的好树种，还适合在草坪中孤植、丛植或配植于建筑物旁，也可种植于水边、山坡、墙角等处。尤其是苦楝的花，备受文人雅士喜爱，温庭筠、梅尧臣、陈师道、连横、俞平伯等，都有同题《楝花》的诗作。宋代张蕴的《楝花》云："绿树菲菲紫白香，犹堪缠黍吊沉湘。江南四月无风讯，青草前头蝶思狂。"四月能够使人记挂、蜂蝶思狂的就只有苦楝花了！

据《神农本草经》《图经本草》等记载，苦楝果实、根及木皮、花、叶均入药。果肉亦有毒，过去乡下多用果肉为糨糊糊鞋底，一可以节约粮食，二可以防虫防蛀。但根皮及茎皮有毒，需要谨慎。

赤气腾腾日出天

炎夏五月六候

带有绿荫、清和的朱夏一旦过去，带着黄尘、赤日的炎夏也就到了："洒汗通宵已废眠，起来犹觉眼生烟。黄埃滚滚人行地，赤气腾腾日出天。纨扇急挥风亦热，银瓶空挂井无泉。狂心于此思霜雪，安得师文扣羽弦。林间岩洞侵衣润，水际亭台彻骨凉。何处山泉落檐溜，恍疑飞雨晓浪浪。"（宋·孔平仲《六月五日》）山西、海南两省炎夏五月日均高温都是 34 摄氏度，这是全年的最高值，所以白天就是赤日腾腾、黄尘滚滚，晚上则是眼冒青烟、汗流通宵，挥扇子、挂银屏的抗热招数都拿出来了，然而无济于事，于是乎不得不使用阿Q的"精神胜利法"：思霜雪，寻岩洞，登凉亭，蹚飞瀑，还是无奈之际就扣起了羽弦……我们真的惊叹诗人的诗才，把人们深陷炎夏的热燥和无奈抒写无遗了！古往今来，都有和孔平仲一样抗热的先贤，三国魏曹植"避炎夏于朔方"（《离缴雁赋》），唐代诗人朱庆余"炎夏寻灵境"（《夏日访贞上人院》），北魏郦道元"至若炎夏火流，闲居倦想，提琴命友，嬉娱永日"（《水经注·巨洋水》），至于后来者便有语文大家叶圣陶享受"冰洞里泉水结成冰"（《登赐儿山》）的凉意以解酷暑。在唐代元稹看来，五月是"炎风暑雨情"，除了炎暑，还有风雨，还有"过雨频飞电，行云屡带虹"，当然最有影响的便是"梅雨"，这是因为"龙潜渌水坑，火助太阳宫"（《咏廿四气诗·五月》）。

俗话说"春争日，夏争时"，"三夏"时节是农村的大忙季节，要忙好春播作物的夏管，忙好冬春作物的夏收，还要忙好秋冬作物的夏种……但文人雅士就不一样了，宋代张鉴将他每月要忙的事情编撰成《赏心乐事》，其中五月他要"忙"的就是这些事情："清夏堂观鱼，听莺亭摘瓜，安闲堂解粽，重午节泛蒲，烟波观碧芦，夏至日鹅羹，南湖萱花；绮互亭火笑花，水北书院采蘋，鸥渚亭五色蜀葵；清夏堂杨梅，摘星轩枇杷，丛奎阁前榴花，艳香馆蜜林檎。"在楼台亭阁、花草世界中，赏花观鱼，羹鹅解粽，用这样的"乐事"度过炎夏，究竟是否"赏心"，就不得而知了。

时值"赤气腾腾""炎风暑雨"之际，古人格外注意休养："此时静养，毋躁，止声色，毋违天和，毋幸遇，节嗜欲，定心气，可居高明，可远眺望，可入山林，以避炎暑，可坐台榭空敞之处。"（宋·周守忠《养生类纂》）

炎夏令人类很难耐，可是鸟虫们则比较喜欢这样的环境，因而五月中次第发生的六候是：螳螂生、鵙始鸣、反舌无声、鹿角解、蜩始鸣、半夏生。

第一个标志时节进入炎夏的是螳螂:"芒种看今日,螳螂应节生。"(唐·元稹《咏廿四气诗·芒种五月节》)。

螳螂为无脊椎动物,属肉食性昆虫,世界已知两千种左右,中国已知约一百五十种,包括中华大刀螳、狭翅大刀螳、广斧螳、棕静螳、薄翅螳螂等。先秦时期,螳螂就已经进入文献记载,此后名目繁多,《尔雅》有不过、蚚蠰、蜱蛸、莫貈、蚚螂、蜉,《本草纲目》又增加了刀螂、蚀肬、致神、敷常、夷冒。宋代贾似道一首《论螳螂形·其二》描绘了螳螂的形态:"身狭牙尖大肚皮,脚前乔立仰头窥。此蛮不问青黄色,斗到深秋必定输。"螳螂身以绿、褐色(也有花斑的)为主,身体流线型,体长一般5.5—10.5厘

螳趋夏炎

二十五候螳螂生
花信:无患子

宋·夏圭(传)《月令图·螳螂生》

五日午时,
饮菖蒲雄黄酒,
避除百疾而禁白虫。

《本草图经》

米，腹部肥大，前足胫节镰刀状，锋利发达善于捕捉，中、后足适于步行，但有时前足也会用来保持平衡。标志性特征是有两把"大刀"，即前肢，上有一排坚硬的锯齿，大刀钩末端长有攀爬的吸盘，基本特性就是好斗。诗人杨万里的《水螳螂歌》则描述了螳螂的特性：水上螳螂"前怒两臂秋竹竿，后拖一腹春渔船"，捕捉的是鳢；柳上螳螂捕捉的是蝉（这就是著名的"螳螂捕蝉"），都是百战百胜的！螳螂是农业害虫的重要天敌，它的主业就是"号作斧虫专杀伐"，捕杀各种农作物害虫，所以"螟蛉一见已心惊"（明·顾德基《咏螳螂生》）！螳螂的一生大致就是清代马国翰所描述的："有气能含火，其生每在桑。露风饶活趣，月日契炎光。壳尚秋林忆，形难翳叶忘。螽斯同会聚，天马拟腾骧。只以升阴起，因之怒臂当。搏轮知势勇，织绢感情长。趯趯田塍畔，人家稻种芒。"（《螳螂生诗》）在"月日契炎光"之时获得新生，在桑上完善成长；到秋天，它在秋林田塍中，风餐露宿地腾骧而奋力与蝗虫等害虫拼杀，正因为如此，农民才能忙于稼穑。所以，螳螂的一生堪称壮烈！

顾德基的诗还强调了螳螂另一功绩："最怜微物关时令，聊记螳螂仲暑生。"这可能是人们对它的感激而特录的物候标志。螳螂具有"有气能含火"的本性，它主要生活在热带地区，因而才会在炎夏出生。《尔雅正义》中说："深秋乳子至夏之初，乃生是也，亦生百子如螽斯云。"螳螂的生活周期均在一年内完成，经过卵、幼虫、成虫三个发育阶段。一般在季夏六月就完善为成虫，初秋下旬经雌雄交配，雌虫选择树木枝干或墙壁、篱笆、石块、石缝中产卵，这些卵细胞在卵鞘的保护下越冬；到日照天数达到十天左右、日均温在23—33摄氏度的炎夏五月，开始孵化。所以"螳螂仲暑生"或"仲夏螳螂生"，就成了炎夏五月的首候。

无患子

草木尚生无患子
男儿那作可怜虫

"螳螂生"的花信是无患子。无患子别名黄金树、洗手果、木患子、肥皂树、假龙眼、鬼见愁等。关于它正名的由来，西晋博物学家崔豹在《古今注》中说："昔有神巫，名曰宝眊，能符劾百鬼，得鬼则以此为棒杀之。世人相传以此木为众鬼所畏，竞取为器用，以却厌邪鬼，故号曰无患。"这是一则道教传说，类似于宝箓桃符，虽用于法术，但目的自然是弘教。无患子叶可以用来抄写佛经，果实可以制作佛珠，所以佛门多有种植。文人则用来励志，清张问陶有"野树尚称无患子，男儿翻作可怜虫"之句，同时代的徐昂发也有类似的抒发："飞扬意气未磨砻，五岳峻嶒方寸中。草木尚生无患子，男儿那作可怜虫。"（《集秀野草堂醉后作》）少壮意气，确实令人振奋。但这些只是无患子的人文意蕴，作为无患子科无患子属落叶乔木，它属于亚热带树种，以长江流域及长江以南各省为多。其树干通直，枝叶广展，绿荫稠密；夏季开出淡绿色为主的杂性花；到了秋天果实累累，橙黄美观；冬季则满树叶色金黄。无患子是绿化的优良观叶、观花、观果树种，也是绿化的首选树种。

无患子果皮含无患子皂苷等三萜皂苷，其果皮放在棉织袋子内，泡水搓挤，泡沫丰富，直接用于洗衣（尤宜于丝质品）、洗头等，手感细腻，去污力强，是天然无公害"洗洁剂"和"美容剂"。无患子种仁含油量高，可以制造天然滑润油和生物柴油。

据《普济方》《生草药性备要》以及藏药、苗药、彝药等记载，无患树蔃（根）、树皮（韧皮）、叶（嫩枝叶）、皮（果肉）、种仁，都可以入药，具有清热祛痰、消积杀虫等功效。

鹍噪夏声

花信：女贞

鹍（jú）就是伯劳鸟，它凭很特别的叫声紧随螳螂为炎夏第二候候应物。可是，古人似乎不太喜欢它的叫声，朱熹传解《孟子》中的伯劳时说："恶声之鸟，盖枭类也。"相传三国魏杰出文学家曹植年轻时，有一个人送给他一只伯劳，他很开心。这时，手下有人问他为什么世人都讨厌伯劳的叫声，曹植就给大家讲了一个故事：西周尹国国君尹吉甫听信后妻谗言杀了孝子伯奇后，一次狩猎，他听到一只小鸟在桑树上鸣叫，声音犹如哭泣。他心有触动说："如果你是我儿子伯劳，就飞到我的车盖上去。"鸟果然飞上了车盖，尹吉甫却把它射死了。人们因为这只鸟的叫声带来了家庭悲剧，再加上牵强附会的传说，所以不喜欢这种鸟。其实不是这样的！曹植说："伯劳以五月而鸣，应阴气之动，阴为贼害，盖贼害之鸟也。其声鹍鹍然，故俗憎之，若其为人灾害，愚民之所信，通人之所略也。"伯劳一到五月（即伯劳受害之时）感受到了"贼害"的威胁，所以发出"鹍鹍"的叫声，人们讨厌这种叫声，所以也就讨厌伯劳。至于说伯劳造成了人的灾害，那只有愚昧的人相信，通达明智的人是不会相信的。为此，他特写了一篇《令禽恶鸟论》为伯劳正名，论证人们认为的恶鸟其实是好鸟。可现实是，曹植的话并没有太引人注意，人们因为先入为主的观念，把伯劳的叫声听成了"姑恶"："芳池月阴春草碧，有鸟有鸟鸣不息。千声万声道姑恶，新妇低回泪痕落。姑恶姑恶姑不恶，努力窗前勤织作。嗟尔小鸟胡不思，新妇会有作姑时。"（明·陈靖远《姑恶行》）"鹍鹍"的叫声让伯劳背上了妻子谗杀孝子的恶名，这"姑恶"叫声不仅加剧了千百年来难处的婆媳关系，伯劳的恶名更是恶上加恶了！这位新媳妇本在良辰美景之时十分高兴，可是伯劳"千声万声道姑

五月初五、初六、初七、十五、十六、十七、二十五、二十六、二十七日为之九毒，戒夫妇容止。
勿居湿地，以招邪气。
勿露卧星月之下。

《遵生八笺》

宋·夏圭（传）《月令图·鵙始鸣》

恶"，之后新妇难过得低头哭泣。为了家庭的和睦，她在心里拼命暗念"姑恶姑恶姑不恶"，可她刚刚才稍微平静一点点，不知好歹的伯劳又"姑恶""姑恶"起了，她只好再努力"勤织作"来排遣。尽管诗人最后出了"新妇会有作姑时"的馊主意，但显然这是徒劳的，只要伯劳在"姑恶"，这做媳妇的就只能持续悲剧！"姑恶"自宋之后就没有停息过：刘学箕、范成大、陆游、胡奎、戴表元、于石、彭孙贻、查慎行、曾广钧、周作人等都有诗作吟诵过。

伯劳所负不是千年奇冤，而是万古奇冤！伯劳鸟本是一种重要的食肉类小型雀鸟，古代称鵙，主要以昆虫为食，有三十余种，几乎遍布全国。一到夏天，雌、雄鸟就一起营巢，有求偶交配行为，有了"爱的呼唤"，也就有了"鵙始鸣"！明代顾德基在《咏鹑始鸣》中描述道："五月梅黄啼细雨，三吴桑落诉残晖。主人屋角憎渠斗，日暮空林见影稀。"所谓"劳燕分飞"是不同类的爱，势必是强扭的瓜不甜，但它们的爱是情投意合的，同心同德的，甜蜜的！最后，我们用清代延清《鹑始鸣诗》作结："鹑鹑鸣何急，禽言证伯劳。至司朱夏始，鸣较素秋高。众畏矜喉舌，单栖惜羽毛。记从戎幕见，为促纺车缫。西羌飞应判，南蛮语若操。早花开槿圃，芳草歇兰皋。鳲共三农趣，鸡犹五夜号。豳风图七月，还染写生毫。"

女贞

女贞枝上燕双栖
夜合花前思欲迷

"鹖始鸣"的花信是女贞。女贞属于木樨科女贞属常绿灌木或乔木，然而它的命名却有浓厚的人文意味，既有江浙临安府秦汉时期才子佳人阴阳两隔却追恋的最终治好满头白发的哀婉故事，也有佳人和农夫生死不渝最终成仙的美妙传说，所以李时珍也用人文解释药名："此木凌冬青翠，有贞守之操，故以贞女状之。"女贞广泛分布于长江流域及以南地区，华北、西北地区也有栽培，灌木葱郁、乔木耸拔，树皮灰褐色；枝黄褐色、灰色或紫红色，圆柱形，疏生圆形或长圆形皮孔，因而是常用观赏树种，可于庭院、园林孤植或丛植，也可以植为行道树、绿篱等。

女贞的果实虽然不是传说故事中的那样灵丹妙药，但也有实际的药用功效。中药称为女贞子，性凉，味甘、苦，有滋养肝肾，强腰膝，乌须明目的功效。

伯劳以备受争议的声音而入炎夏第二候，反舌却以"无声"紧挨着成为第三候。"反舌"是什么动物，也是众说纷纭：郑玄、《诗经大全》认为是百舌，蔡邕、《通卦验》认为是鸣蛙或虾蟆，《春秋保乾图》认为是"诸黑色有羽翼者"，胡越燕百舌鸟之类，《风土记》认为是祝鸠（鹁鸪、斑鸠）……"诸黑色有羽翼者"太多了，难以确认；蛙或虾蟆、祝鸠，都在夏天鸣。蛙鸣如唐代贾弇《状江南·孟夏》诗："江南孟夏天，慈竹笋如编。蜃气为楼阁，蛙声作管弦。"虾蟆鸣如宋代石介《虾蟆》："夏雨下数尺，流水满池泓。虾蟆为得时，昼夜鸣不停。"宋代刘攽《夏夜》："青灯人语寂，池塘响蛙蛤。"祝鸠鸣如宋代陆游有"日出鹁鸪还

宋·夏圭（传）《月令图·反舌无声》

《问礼俗》云：
"五月俗称恶月。"
按《月令》
仲夏阴阳交，生死之分，
君子节嗜欲，勿任声色。

《遵生八笺》

唤雨，夏初蟋蟀已吟秋（自注：今年四月闻蟋蟀鸣）"（《感物二首·其一》），清代查慎行《初夏园居十二绝句·其十一》："啼杀斑鸠生计拙，将雏时节定争巢。"所以反舌就是百舌。

李时珍对百舌的介绍是："百舌处处有之，居树孔窟穴中。状如鸲鹆而小，身略长，灰黑色，微有斑点。喙亦尖黑，行则头俯，好食蚯蚓。立春后则鸣啭不已，夏至后则无声，十月后则藏蛰。人或畜之，冬月则死。月令仲夏，反舌无声即此。"（《本草纲目集解》）所以此时"无声"的反舌就只有百舌了。据赵正阶《中国鸟类志下·乌鸫》等，李时珍所说的百舌，正名为乌鸫，别名反舌、黑鸟、中国黑鸫，属于雀形目鹟科鸫亚科鸟类。乌鸫全身一般为黑色、黑褐色或乌褐色，除无鼻羽和翅上无白斑外，外形酷似八哥（鸲鹆），但较八哥略大，雌鸟较雄鸟略小，雄鸟极善鸣啭；平时喜欢在林区外围、林缘疏林、农田旁树林、果园和村镇边缘、平原草地或园圃间栖息，栖落树枝前常发出急促的"吱、吱"短叫声，歌声嘹亮动听，并善仿其他鸟鸣。它是杂食性鸟类，主要吃昆虫、蚯蚓、种子和浆果等，在我国主要分布于西部、西南部、南部和东南部，为极常见的留鸟。

唐代张仲素《反舌无声赋》云："彼众禽兮，终岁嘤嘤；此反舌兮，语默有程。盖时止而则止，故能鸣而不鸣。青春始分，则关关而爱语；朱夏将半，乃寂寂而无声。有以见天地之候，有以知禽鸟之情。"强调了百舌的"无声"是"语默有程"，如同行云流水的当止则止一般，百舌的鸣叫也是当鸣则鸣。另外就是揭示了"语默有程"的根据：一是"天地之候"，即"阴阳交而止声，春夏交而知感"。元代陈澔认为，炎夏前三候虫鸟适应"阴阳交"的情况是"螳螂、鵙皆阴类，感微阴而或生或鸣，反舌感阳而发，遇微阴而无声也"（《礼记集说》），这是天理，"春夏交"是节候。二是"禽鸟之情"，即"耻竞响于蜩螗""晒城乌之夜噪"，还讨厌"彼众禽兮，终岁嘤嘤"。《诗经大全》引用方氏的话总结"反舌无声"说："反舌盖百舌也，以能反覆其舌而为百鸟语，故谓之反舌，其鸣也。感阳中而发，故感微阴而无声焉。"

栀子

初夏湖山一供嘉

重台栀子玉攒花

"反舌无声"的花信是栀子。栀子有黄栀子、白蟾、水栀子、越桃、木丹、山黄栀等别名，是茜草科植物栀子的果实。原产中国，其中河南唐河的栀子获得"国家原产地地理标志认证"，为全国最大的栀子生产基地，有"中国栀子之乡"的美誉。栀子一般生长于海拔 10—1500 米处的旷野、丘陵、山谷、山坡、溪边的灌丛或林中。栀子花芳香，通常单朵生于枝顶，花冠白色或乳黄色。栀子的果实，呈卵形、近球形、椭圆形或长圆形，一般为黄色或橙红色。

栀子进入人工培育后，花农已经把栀子分成"药用栀子"和"赏花栀子"——原来单瓣的野生栀子作为"药用栀子"，通常以其果实入药；而人工培育出来的重瓣栀子则作为"赏花栀子"，这种栀子一般不结果，结的果实也不做药用。南朝梁萧纲《咏栀子花诗》描绘了赏花栀子："素华偏可喜，的的半临池。疑为霜里叶，复类雪封枝。日斜光隐见，风还影合离。"突出了栀子花如霜如雪的洁白，日影与花光交相辉映，斑驳陆离，也显示了它的素华品性；宋代张埴《初夏湖山》抒写了赏栀子花："重台栀子玉攒花，初夏湖山一供嘉。三嗅馨香几欲泣，年时曾食故侯瓜。"时间地点是"初夏湖山"，栀子花的类型是"重台栀子"（重瓣栀子），花色如玉，花香沁心。

药用栀子所用的果实具有护肝、利胆、降压、镇静、止血、消肿等功效。唐代易静的《兵要望江南》用词来谈论、传播军机、兵法，其中就有以药方治马的词，如《马药方第三十》就提到了栀子："常灌马，黄柏与黄连。升麻大黄山栀子，胡盐青黛郁金仙，等分勿令偏。"

和炎夏四月的植物主导物候不同，炎夏五月则是动物主持物候了：螳螂、伯劳、反舌出场后，现在就该鹿出场了。

鹿是哺乳纲偶蹄目一科动物的总称，不同的科属虽然有很多共性，但是区别还是有的，如鹿亚科普遍比麂亚科大，中国古代就没有驯鹿，所以"鹿角解"的鹿就不是指所有的鹿，而是指中国古代习见而且今天仍存的梅花鹿（别名花鹿、鹿、班龙）和马鹿（八叉鹿、黄臀赤鹿、红鹿、赤鹿）。梅花鹿主要分布在吉林、安徽南部、江西北部、浙江西部、广西等省区，马鹿主要分布在宁夏贺兰山、山西忻州、甘肃临潭、西藏、青海、新疆等地。一般来说，马鹿生活于高山森林或草原地区，夏季多在夜间和清晨活动，

宋·夏圭（传）《月令图·鹿角解》

茉莉花勿置床头，

引蜈蚣，

当忌。

《保生月录》

冬季多在白天活动。梅花鹿生活范围很广，在中国则随着季节的变化而改变，春、夏、秋季多在半阴坡或阴坡的林缘地带栖息，冬季则喜欢待在温暖的阳坡。这两种鹿主要采食藤本和草本植物，喜欢舔食盐碱。

宋代吴淑《鹿赋》："呦呦鹿鸣，食野之苹；当仲夏而解角，禀瑶光之散精。"梅花鹿和马鹿的雄鹿都有角，吴澄的解释是："鹿，形小山兽也，属阳，角支向前与黄牛一同。"这个其实不太精确。梅花鹿一对实角的角上共有四个杈，眉杈和主干成一个钝角，在近基部向前伸出，次杈和眉杈距离较大，位置较高，常被误以为没有次杈，主干在其末端再次分成两个小枝；主干一般向两侧弯曲，略呈半弧形，眉叉向前上方横抱，角尖稍向内弯曲，非常锐利。马鹿本身比梅花鹿大，它的角很大，一般分为六或八个杈，个别可达九或十杈，在基部即生出眉杈，斜向前伸，与主干几乎成直角；主干较长，向后倾斜，第二杈紧靠眉杈，因为距离极短，称为"对门杈"，并以此区别于梅花鹿和白唇鹿的角。第三杈与第二杈的间距较大，以后主干再分出两至三个杈，各分杈的基部较扁，主干表面有密布的小突起和少数浅槽纹。鹿是"当仲夏而解角"，一般在秋季（通常是八九月）开始繁殖，到炎夏五月繁殖季节结束，角便自下面毛口处脱落，第二年又从额骨上面的一对梗节上面的毛口处生出，初长出的角叫茸，外面包着皮肤，有毛，有血管大量供血，分杈；随着角的长大，供血即逐渐减少，外皮遂干枯脱落。所以马国翰说："最有山间鹿，仙踪向角寻。四围曾下寨，双解每乘阴。濯濯游炎日，羲羲望远林。"（《鹿角解诗》）人们常常可以在"炎日"下，看到肥泽濯濯（zhuózhuó，偏指雌鹿的体态）或锐耸羲羲（yíyí，偏指雄鹿的角）的梅花鹿、马鹿在阴坡的林缘地带或草泽地嬉游，也就是在这个时候，人们更注意"向角寻"，观察雄鹿的角脱落的状态，才有了鹿角解这一物候标识。鹿角之解，时间是在"炎日"当空的阳夏！

栾树

妙简团栾树子匀
冥搜奇特根窠底

"鹿角解"的花信是栾树。栾树又名木栾、栾华，俗称灯笼树、摇钱树，是无患子科栾树属落叶乔木或灌木。分布在黄河流域和长江流域下游，喜欢生长于石灰质土壤中，耐干旱和瘠薄、盐渍及短期水涝，还有较强的抗烟尘能力。

栾树具有一定的经济价值，其木材为黄白色，易加工，可制家具和一些小器具；可提制栲胶，叶可作蓝色染料，花可作黄色染料，种子可以榨制工业用油。

栾树具有很高的观赏价值，春季枝叶繁茂秀丽，叶片嫩红可爱；夏季树叶渐绿，而黄花满树，实为金碧辉煌；秋来夏花落尽，即有蒴果挂满枝头，如盏盏灯笼，绚丽多彩，是理想的绿化、观叶树种。近代夏孙桐《宴清都·社园栾枝》就是欣赏栾树的佳作："照海珊瑚树。连枝发，画栏都罩赪雾。柔梢拖锦，繁英缀玉，粉融脂汙。嘉名艳说团栾，正酿暖、东风暗度。衬淡冶、一片梨云，浓春那不羞妒。〇长安到老看花，南天未有，标胜芳谱。穿林翠鸟，飘茵绀雪，对斜阳处。依依闹红如梦，渐散了、湔裙士女。问绛都、珍重余春，金铃更护。"栾树的果实能做佛珠，所以寺庙也多有栽种，北宋寇宗奭在《本草衍义》中有记录。

栾树也有药用价值。初唐苏敬《唐本草》云："此树叶似木槿而薄细，花黄似槐而稍长大，子壳似酸浆，其中有实，如熟豌豆，圆黑坚硬，堪为数珠者是也。五月六月花可收，南人以染黄，甚鲜明，又以疗目赤烂。"《神农本草经》、北齐徐之才《雷公药对》等也都有记载。

蜩鸣夏野

呦呦鹿鸣之后，就是"蜩始鸣"之时。蜩是什么？吴澄的解释是："蜩，蝉之大而黑色者，蜣蜋脱壳而成，雄者能鸣，雌者无声，今俗称知了是也。按蝉乃总名，鸣于夏者曰蜩，即《庄子》云'蟪蛄不知春秋者'是也。盖蟪蛄夏蝉，故不知春秋……《风土记》曰：'蟪蛄鸣朝。'……然此物生于盛阳，感阴而鸣。"这段话的要点就是，蜩是蝉中既比一般大又以黑色为主的品种，别名是知了、蟪蛄，雄蜩会发出鸣叫声，而且往往在夏天的早上鸣叫，这些都是比较科学的，但是古人把阴阳万能化了，又来一个"此物生于盛阳，感阴而鸣"，显得很勉强！

现代人们已知全世界有两千余种蝉，蚱蝉、蟪蛄（这是

二十九候蜩始鸣

花信：紫薇

宋·夏圭（传）《月令图·蜩始鸣》

十三日，竹醉日，
可移竹，易活。
夏至淘井，
可去瘟疫。

《遵生八笺》

蝉科中的一属，不是庄子说的那个蟪蛄）、鸣鸣蝉、云南秃角蝉、草蝉、斑蝉、薄翅蝉等 15 属，它们虽然有"大同"，但也必然有"小异"。"蜩始鸣"的蜩就是蚱蝉，它有鸣蜩、马蜩、蝪、鸣蝉、秋蝉、蜘蟟、蚱蟟、知了等别名，体长 6—7 厘米，呈黑色并密被金黄色细短毛，但前胸和中胸背板中央部分毛少光滑，主要在杨树、桐树、榆树和各种果树等阔叶树上栖息。

雄蚱蝉的发音器在腹部，像蒙上了一层鼓膜的大鼓，鼓膜受到振动而发出声音，由于鸣肌每秒能伸缩约一万次，盖板和鼓膜之间是空的，能起共鸣的作用，所以其鸣声特别响亮，并且能轮流利用各种不同的声调激昂高歌。清代章型在夏天听到蚱蝉鸣叫，写了一首七绝《闻蜩》："绿阴清昼掩柴扉，鸦鹊投林蝶绕帷。惟有鸣蜩最奇绝，声声犹似唤杨妃。""绿阴清昼"点明了是夏天，"鸦鹊投林蝶绕帷"点明了是午热时分，鸦鹊和蝶叶不是很耐炎日，同人们一样去寻阴投清，然而蝉"最奇绝"，其鸣叫很美妙，"声声犹似唤杨妃"，当然，能唤杨贵妃的是唐玄宗，雄蚱蝉所唤就是雌蚱蝉！每个雄蚱蝉能发出三种不同的鸣声：交配前的求偶声；受每日天气变动和其他雄蝉鸣声的调节而发出的集合声；被捉住或受惊飞走时的粗厉鸣声。最费心力的当然是求偶声，否则怎么能够打动雌蚱蝉的芳心，从而引诱它前来交配？清代乾隆帝很关注蜩始鸣，竟然写了三首《赋得五月鸣蜩》。

蚱蝉具有较高的营养价值和药用价值。蚱蝉若虫中蛋白质的含量很高，远远高于鸡蛋和瘦猪肉，其钙、铁、锌含量也高于家畜、家禽，是难得的天然无公害高级营养食品，已成为消费者争相品尝的野味菜肴。

紫薇

独占芳菲当夏景
不将颜色托春风

"蜩始鸣"的花信是紫薇。紫薇别名痒痒花、紫金花、百日红、满堂红等，是千屈菜科紫薇属落叶灌木或小乔木。在我国很多地方均有生长或栽培，生长于略有湿气之地，亦耐干旱，忌涝，忌种在低湿地方，性喜温暖，而能抗寒，萌蘖性强。它的"花六瓣，色微红，紫皱蒂长一二分，每瓣又各一蒂，长分许。蜡跗茸萼，赤茎，叶对生，一枝数颖，一颖数花，每微风至，妖娇颤动，舞燕惊鸿，未足为喻。唐时省中多植此花，取其耐久且烂漫可爱也。紫色之外又有红白二色，其紫带蓝焰者，名翠薇。于若瀛曰：花攒枝杪，若剪轻縠，盛开时烂漫如火，干无皮，愈大愈光莹，枝叶亦柔媚可爱"（王象晋《群芳谱·紫薇》）。

正因为此，紫薇作为优秀的观花乔木，被广泛用于绿化，或栽植于建筑物前、院落内、池畔河边、草坪旁及公园中小径两旁，可以补充氧气，净化空气，美化城市的同时，又具有遮阳滞尘、吸收有害气体、减少噪声的功能。它的叶色在春天和深秋变红变黄，将它配植于常绿树群之中，可以解决园中色彩单调的弊端；而在草坪中点缀数株紫薇则给人以气氛柔和、色彩明快的感觉；也是做盆景的好材料。宋初名诗人梅尧臣诗曰："禁中五月紫薇树，阁后近闻都著花。薄薄嫩肤搔鸟爪，离离碎叶翦晨霞。凤皇浴去池波响，鸱鹊阴来日影斜。六十无名空执笔，颠毛应笑映簪华。"（《阁后紫薇花盛开》）紫薇花开百花之后，却能处处增添春色："独占芳菲当夏景，不将颜色托春风。浔阳官舍双高树，兴善僧庭一大丛。"（白居易《紫薇花》）

紫薇的木材坚硬、耐腐，可作农具、家具、建筑等用材。

苗生夏半

炎夏唯一植物候应物半夏破土而出，应节而生！明代顾德基《咏半夏生》诗云："夏半扶风有药生，感时拈草即为名。鸢头虎掌休相混，岐伯桐君自辨明。三叶略同湘竹尾，双根绝似海鲸睛。痰宫劈历称奇货，常记收时木槿荣。"据汉佚名《名医别录》说，夏天过半之时，有人在扶风槐里川谷发现一种异草，可能一时激动就把它取名为"半夏"，鸢头、虎掌究竟是不能混淆的，鸢头本是鸢尾根，有人误把鸢尾根当成了由跋，进而认为由跋就是半夏，其实这是四种药物，顾德基因而特别强调"休相混"。半夏的特征是同湘竹近似的叶子，茎端三叶，叶为浅绿色，颇似竹叶；与海鲸眼睛一样明亮的双根，半夏的根茎名羊眼，圆

宋·夏圭（传）《月令图·半夏生》

白；半夏又称"痰宫劈历"，采药的时间是"木槿荣"，即六至九月。顾德基这些辨析，难能可贵。但是有关半夏的还有如下两个需要注意的地方。

古代半夏药材的产地究竟在哪儿？《名医别录》等定"扶风槐里"，《千金翼方》等定"河南道谷州、江南东道润州、江南西道宣州三处"，宋代《图经本草》等定"齐州"，宋代《证类本草》等定"青州"，清《植物名实图考》等定"鹊山"（济南），民国《药物出产辨》等定"湖北荆州"。今赵尹铭认为，汉魏晋时半夏的主产地在陕西、山东等地，以山东中部半夏质量最好，江苏一带也有出产，唐代半夏的产地主要分布在河南、江苏、安徽等地。自宋、明、清来，半夏以山东济南一带所产者为最上，此外安徽半夏质量也较好。现代全国大部分地区均产，但以四川的产量最大，质量亦佳，为道地药材，而陕西半夏已不可得。

半夏究竟是在夏半生还是夏半采？《逸周书·时训解》："夏至之日，鹿角解。又五日，蜩始鸣。又五日，半夏生。"《礼记·月令》："五月半夏生，盖当夏之半也，故名。"有了这两个权威的依据，所以仲夏半夏生就成了主流。到今天，这个问题好像不是问题了，所以极少再思考探索。其实并非如此，《名医别录》记为"五月、八月采根"，三国魏《吴普本草》记为"二月始生叶"，宋《图经本草》"二月生苗""五月、八月采根"……可见古人多认为半夏二月生，五月可开花，也可采收，但采收期多以八月为佳，在我国黄河以南，半夏通常在阴历二月或三月上旬出苗，五月中、下旬至六月上旬，气温超过 30 摄氏度时，就会出现"倒苗"，待七月、八月气候稍转凉时重新出苗生长，九月、十月当气温低于 15 摄氏度时，半夏再次倒苗。半夏两次倒苗后可以采收地下块茎，加工后供药用。今人赵尹铭因而提出了《礼记·月令》说的"五月半夏生"可理解为五月、六月半夏倒苗后，可以采收，半夏的名称当解释为：五月、六月半夏产新，盖当夏之半，故名。我们认为，虽然半夏生的记述不是太准确，若用"半夏采"似乎更好点。

半夏为天南星科半夏属草本植物，最大价值就是药用，上面已讲述。

茉莉

真香入玉初无信
香欲寻人玉始开

"半夏生"的花信是茉莉。茉莉别名香魂、木梨花等，为木樨科素馨属直立或攀缘灌木，王象晋《群芳谱·茉莉》称"茉莉有草本者，有木本者，有重叶者，惟宝珠小荷花最贵"，还认为其以花著称："茉莉自首夏至秋杪，皆开花，必薄暮半放，冉冉作奇香。次晨则香减。霜后犹生朵，但渐小耳。经大寒，无不萎者，向余得一本，根下有铁少许，盖鬻者利其必萎，彼钻核者又何足异。余去其铁，易土而植之，灌以腥汁，开甚盛。"花期长"自首夏至秋杪"，花色美："火云烧野叶声干，历眼谁知玉蕊寒。疑是群仙来下降，夜深时听佩珊珊。"（宋·王庭圭《茉莉花》）茉莉最突出的是花香："真香入玉初无信，香欲寻人玉始开。不是满枝生绿叶，端须认作岭头梅。"（宋·郑刚中《茉莉》）茉莉花虽无艳态惊群，但玫瑰之甜郁、梅花之馨香、兰花之幽远、玉兰之清雅，莫不兼而有之。所以成为常见庭园观赏芳香花卉，可以盆栽，点缀室容，清雅宜人，还可加工成花环等装饰品。

宋代张邦基《闽广茉莉说》："闽广多异花，悉清芬郁烈。而末利花为众花之冠，岭外人或云抹丽，谓能掩众花也。"茉莉花清香四溢，能够提取茉莉油，是制造香精的原料，其油身价很高，相当于黄金。还可窨制茶叶或蒸取汁液，代替蔷薇露，地处江南的苏州、南京、杭州、金华等地长期以来都以之作为窨茶香料。不仅如此，茉莉花香气对合成香料工业还有一个巨大的贡献：数以百计的花香香料是从茉莉花的香气成分里发现的，或是化学家模仿茉莉花的香味制造出来的。

十里荷香杂稻香

暑夏六月六候

由炎夏再进到暑夏，可不仅仅是"炎"和"暑"两个字的简单差异：如果从日均温来看，华南地区是 27—34 摄氏度，比五月的低温高 1 摄氏度，可以说没有变化；华北地区 17—30 摄氏度，比五月的低温高 4 摄氏度，高温高 2 摄氏度；华中地区 23—33 摄氏度，华东、西北和西部地区，则比五月的低、高温都高于 5 摄氏度，那么"暑"比"炎"就更热了，唐代李贺诗足以证明："峻拂疏霜簟秋玉，炎炎红镜东方开。晕如车轮上裴回，啾啾赤帝骑龙来。"(《河南府试十二月乐词·六月》)要明白，李贺此时是在河南洛阳，是黄河以南和长江以北地区，时间是早晨，可是赤帝"啾啾"骑龙而上，炎炎红日也就毫不犹豫地腾腾升上了东方晓空，毫无悬念地证明了，你正处于暑夏，所以小暑、大暑都在六月。

当然，六月不能就一个"暑"字了得！宋代喻良能是另一番感受："联舆缓步踏葱苍，十里荷香杂稻香。庚暑此时无一点，秋风明月洒长廊。林间岩洞侵衣润，水际亭台彻骨凉。何处山泉落檐溜，恍疑飞雨晓浪浪。"(《六月晦日同楼少府由钱塘门至上竺遂游下中竺憩冷泉亭涂中记所历》)别人是努力避暑，他可是迎暑而上，倒不是他特别勇敢，因为这里山树青苔葱郁，更有"十里荷香杂稻香"，不是热且多雨的洛阳，是有"人间天堂"之誉的杭州，这里的"三秋桂子，十里荷花"令金主完颜亮挥军南下，"稻香"在古典文艺中是鱼米之乡的标配。清代张英《题恽南田花卉册子·荷花》诗："平川十亩稻花中，小作横塘临水榭。碧水新开一朵莲，半窥半掩骋娇妩。"当然"荷香杂稻香"也可出现于其他地区，如清初梁清标《踏莎行·西郊观荷》词的"荷香不傍红尘客"和"稻花开处莫云结"出河北，唐代韩翃《家兄自山南罢归献诗叙事》的"朱荷江女院，青稻楚人田"出河南，宋代李复《自寿安之长水》诗"露寒荷叶紫，秋晚稻花香"出西南，唐代李颀《渔父歌》"绿水饭香稻，青荷包紫鳞"出两湖……喻良能还感受到了林间岩洞、水际亭台等名胜，所以尽管时在三伏("庚暑")而却"无一点"炎暑的感觉，或许这其中有对即将到来的"秋风明月"期盼！

喻良能的感觉很好，李贺感觉不是太好，却是人们对六月的普遍感觉和基本状态："暑景方徂，时惟六月。大火飘光，炎气酷烈。翕翕盛热，蒸我层轩。"(东汉·繁钦《暑赋》)六月仍然是"大火飘光，炎气酷烈"，居家尤其是身处层楼的，都如在蒸笼一般。六月还是"暑景"开始之时，盛夏中因而次第发生的六候：温风至、蟋蟀居壁、鹰乃学习、腐草为萤、土润溽暑、大雨时行。

炎起夏风

三十一候温风至
花信：木槿

"炎起夏风"这不是发明，而是自然规律！

风是怎么起来的？是冷暖空气流动而来的。地球上任何地方都在吸收太阳的热量，但是由于地面每个部位受热的不均匀性，空气的冷暖程度就不一样，于是暖空气膨胀变轻后就会上升，冷空气冷却变重后就会下降，空气下沉聚集的地方形成高压，空气上升的地方形成低压，空气由高压向低压流动，便形成了风。

风的温度高低又是怎么形成的呢？主要是由于地球上各纬度所接受的太阳辐射强度不同而形成的。我们知道，在赤道和低纬度地区，太阳高度角（指对地球上的某个地点太阳光入射方向和地平面的夹角）大，日照时间长，辐射度强，地面和大气接受的热量多、温度较高；在高纬度地区，太阳高度角小，日照时间短，地面和大气接受的热量小，温度低。从冷的地方吹来的风就是冷风，从热的地方吹来的风就是热风。

这种风起和风温的科学道理，古人早就有了一定的认识，东汉张衡《思玄赋》云："温风翕其增热兮，怒郁邑其难聊。"炎日和流风相互作用、不断增温，因而形成的温风，这温风并不是春天那温暖的风，不是朱熹所说"温厚"的风，不是一般的热风，而是唐代李贤所说的"炎风"，也就是吴澄进一步说的"温热之风至此而极矣"的"炎风"，暑气频吹，热气逼人，因而给人带来了难以忍受的慝（同"惄"，音 nì，忧伤）、抑郁！

清代延清《温风至诗》对"温风至"的暑夏有较全面而生动的描述："催得东风去，南风又几番。郁蒸当夏至，终始异春温。地泄炎歊（xiāo，热气升腾）气，天施长养恩。和都扇黍谷，爽不透蕉轩。计日金方伏，嘘云火欲歊。蝉

是月初一日、初七、初八、二十一日沐浴，去疾禳灾。

《四时纂要》

争嘶绿荫，萤趁闪黄昏。竹影摇当槛，荷香送到门。"
风总是随时节的变化而变化的，夏至时，温风继东风、
南风之后光临暑夏，这时白天增长，地的炎气不断地升
腾，夏温远异于春温，入伏以来，呼吸如喷火，令人感
觉在蒸笼一般郁闷……蝉躲到了绿荫才敢鸣叫，萤火
虫干脆到晚上才出来乘凉，好在还有竹影、荷香！

温风确实不"温"，唐代张籍的《夏日可畏》诗重
点突出了温风不停地扇炎夏而助长暑夏的"火威"："赫
赫温风扇，炎炎夏日徂。火威驰迥野，畏景铄遥途。"

木槿

鲜红未许佳人见

蝴蝶争知早到来

"温风至"的花信是木槿。木槿又名舜、木棉、日及、藩篱草、花奴玉蒸等，为锦葵科木槿属落叶灌木。《诗经》便有吟咏木槿的诗章，在中国多地均有分布。宋代罗愿《尔雅翼》说木槿"仲夏应阴而荣，《月令》取之以为候。其花朝开暮落，或呼为'日及'"。木槿长于热带和亚热带，准确点应该是应"阳"而荣，其花"朝开暮落"，取名为"日及"就颇为准确。宋代寇宗奭《本草衍义》说："木槿如小葵花，淡红色，五叶成一花。"木槿花花萼钟形，密被星状短绒毛，花朵色彩除淡红外，还有淡粉红、纯白、淡紫、紫红等，花瓣有单瓣、复瓣、重瓣几种。西晋傅咸《木槿赋》赞云："应青春而敷，曁逮朱夏而诞，英布夭夭之纤。枝发灼灼之殊荣，红葩紫蒂翠叶素茎，含晖吐曜烂若列星。"木槿在春天插播，到朱夏就长成了，到炎夏就有苞蕾诞生，到暑夏就枝叶招展，素茎、翠叶、紫蒂、红葩纷呈，夭夭、灼灼之态，犹如含晖吐曜的列星，艳耀于暑夏。正因为如此，木槿成为夏、秋季的重要观花灌木。南方多作花篱、绿篱；北方作庭园点缀及室内盆栽。木槿对二氧二硫与氯化物等有害气体具有很强的抗性，同时还具有很强的滞尘功能，是有污染工厂的主要绿化树种。

木槿花含有蛋白质、脂肪、粗纤维，以及还原糖、维生素C、氨基酸、铁、钙、锌等，并含有黄酮类活性化合物，因而营养价值极高；木槿花蕾，食之口感清脆，完全绽放的木槿花，食之滑爽。还可以利用木槿花制成木槿花汁饮用。木槿的花、根、叶和皮均可入药。

蟋蟀是穴居昆虫，对气温具有较高的敏感性，早在西周先民就已经发现，《诗经·豳风·七月》："五月斯螽动股，六月莎鸡振羽，七月在野，八月在宇，九月在户，十月蟋蟀入我床下。"朱熹认为是一种昆虫的"一物随时变化而异其名"，因为这种昆虫随时发生了这三种变化："动股始跃而以股鸣也；振羽能飞而以翅鸣也。宇檐下也，暑则在野，寒则依人。"郑玄、二程认为斯螽、莎鸡、蟋蟀是三种昆虫，但孔颖达进一步补充阐释："是自外而入，在野、在宇、在户，从远而至于近，故知皆谓蟋蟀也。"古贤在对昆虫的类别上虽有差异，但是都肯定了蟋蟀对气温的敏感性。

全世界已知蟋蟀有四千多种，我国已记载的蟋蟀有二百五十余种，古代文献中记载的，似乎为蟋蟀亚科的田野蟋蟀和家蟋蟀。这两类蟋蟀身体粗壮，呈黑或褐色；常生活在田野或庭院，有时进入室内；在野外或庭院则打浅洞穴居，入室内则居壁。它们分布广泛，日夜鸣叫，但温度大于 32 摄氏度或小于 7 摄氏度时不叫。蟋蟀日夜鸣叫，尤其入室居壁后还如此，颇能令人有各种莫名的感触："怪尔知时节，逢时辄自鸣。空阶一夜响，短榻几人惊。唧唧催寒色，萧萧助叶声。无人悲物意，徒语不堪情。"（宋·薛循祖《蟋蟀》）在诗人看来，蟋蟀居壁自鸣，除了履行报知节候的特定作用外，其他的效应似乎甚微，夜深人静的时候没有几人会倾听，至多也就是助孤叶萧萧，添加几分寒意而已！所以诗人劝告蟋蟀："无人悲物意，徒语不堪情。"居壁也就算了，鸣叫就免了！顾德基《咏蟋蟀居壁》感觉却不太一样："莫嫌蟋蟀太喓喓，试读豳风七月诗。几度移家吟不稳，中宵居壁出何迟。莎鸡代唱鸡入晓，促织难添织女丝。好逐吴儿矜一斗，裛蹄（niǎotí，铸金成马蹄形，借指金银）

居避夏温

三十二候蟋蟀居壁
花信：槐树

六月六日，沐浴斋戒，绝其营俗。

《云笈七签》

宋·夏圭（传）《月令图·蟋蟀居壁》

为注决雌雄。"不要讨厌蟋蟀的鸣叫，《豳风·七月》诗告诉我们蟋蟀真的很不容易，连续四个月几度移家，想鸣叫也不安稳，现在至于得以居壁，才会有自在鸣叫的可能，而且这鸣叫可代替鸡报晓，具有一定的催促织女的作用，还能为吴地玩家决胜负而充当博具。

　　无论如何蟋蟀居壁而自鸣具有履行报知节候的有效功能，还有就是陈澔《礼记集说·月令》所说的："蟋蟀生在土中，至季夏羽翼稍成未能远飞，但居其壁，至七月则能远飞在野。""蟋蟀居壁"是因为自身羽翼尚不能胜任正常飞行，通过居壁才能修养并提升羽翼及其相应的能力。

槐树

庭槐风静绿阴多
睡起茶余日影过

"蟋蟀居壁"的花信是槐树。槐树又名国槐、槐蕊、豆槐、白槐、细叶槐、金药材、护房树、家槐等，豆科槐属乔木，全国各地都有，但以华北、华中较集中："有槐实生河南平泽，今处处有之，其木有极高大者。"（《本草图经》）槐树高达25米，树皮灰褐色，具纵裂纹，荚果为串珠状，种子卵球形，淡黄绿色，干后黑褐色。槐树具有较高的观赏价值，其树干端直，枝繁叶茂，绿荫如盖，既可以孤植、对植或列植庭院、亭台山石旁，作庭荫树，也可以在街道、公路等路旁作行道树，颇有"庭槐风静绿阴多"（元·赵孟頫《即事》）之趣。槐花皱缩而卷曲，花瓣多散落，花萼钟状称黄绿色，花瓣多黄色或黄白色，从夏季一直开到秋季。缀满树枝的一串串槐花，弥漫在空气中淡淡的素雅的清香，令人心旷神怡："形裶裶以条畅，色采采而鲜明。丰茂叶之幽蔼，履中夏而敷荣。"（东汉·王粲《槐赋》）槐树枝"形裶裶以条畅"，槐树花"色采采而鲜明"，槐树叶丰茂幽蔼，整株槐树在夏天繁衍荣华，足供观赏。

槐树一身是药，其根、枝、叶、实皆可入药，李时珍《本草纲目》称"医家用之最多"。

北宋吴淑《鹰赋》称鹰："惊蛰靡失于为鸠，处暑不差于祭鸟。"鹰为候鸟，自古就不"靡失于"时节，因而经过四个月的涅槃后，亟须恢复"挚"——振飞和搏击的本领，本月前后新生的小鹰，也需要在这个月学会生存的本领。于是新老两代鹰振羽摩翅，运用"时乎未至且求安，欲拟摩天振羽翰"（明·顾德基《咏鹰乃学习》）的战略思维，在盛夏长空展开了"学"和"习"。

当代诗人张力夫这样描述"学"的："此去别巢何必归，迎风振翅颤微微。倚天不复亲情佑，独驾云霞万里飞。"（《雏鹰》）小鹰豪情满怀，每次离窝学习之时，不仅都抱有视死如归的勇气，而且还有"独驾云霞万里飞"的

西瓜性温，
熟者可食，解暑，
名白虎汤。

《家塾事亲》

宋·夏圭（传）《月令图·鹰乃学习》

凌云壮志！鹰遵循动物界弱肉强食的自然规律，学习过程则异常残酷，小鹰必须经过三关生死考验：一是一次次地被母鹰踹下在高处的鹰巢，一旦失误就性命不保；二是娇柔的翅膀会多次被母鹰啄断，小鹰必须强忍激烈的痛楚飞翔，使翅膀充血，才能痊愈；三是必须完成成百上千次的飞行训练，通常是"振翅"到"颤微微"的！

老鹰的"习"也非同一般："自化春鸠后，雄姿不类鹰。未秋知练习，先夏学飞腾。水面炎氛攫，金眸杀气凝。鹘栖新节序，蛾术旧师承。田佐将军猎，台随猛士登。威扬三伏早，秘发六韬曾？兔窟搜还待，禽经演亦能。他时知祭鸟，头角更峻嶒。"（清·延清《鹰乃学习》）芳春因生理的蜕化而"不类鹰"了，现在正值生命强化之时，因而在"水面炎氛"之际，"摩天振羽翰"，突击进行艰苦的"飞腾"复习和练习，当再次练到"金眸杀气凝"的程度，就会"威扬三伏"，"峻嶒"当时，家养的则会在秋猎中，尽显本色"雄姿"！

荷花

水殿盈盈万玉妃
凌波长是步炎晖

"鹰乃学习"的花信是荷花，有莲花、芙蕖、菡萏、藕花、六月春、君子花、天仙花、中国莲等数十种别名。在中国，一亿多年前就有荷花，它堪称"活化石"。荷花是多年生水生草本花卉，有单瓣、复瓣、重瓣及重台等花型；花色有白、粉红、深红、淡紫色、黄色或间色等变化。明代黄佐《莲花》诗云："水殿盈盈万玉妃，凌波长是步炎晖。迢遥玉井峰头见，缥缈瑶池月下归。洛浦露繁珠作佩，楚台风急翠成帏。"荷花有万玉妃的轻盈、嫦娥的飘逸、洛神的风情，集众美于一身，建安之杰曹植曾叹道："览百卉之英茂，无斯华之独灵。"（《芙蓉赋》）荷花还具有"中通外直，不蔓不枝，出淤泥而不染，濯清涟而不妖"（宋·周敦颐《爱莲说》）的高尚品格，令人油然而生敬意！正因为如此，荷花被评为中国十大名花之一。自宋代开始，每逢六月廿四，民间便至荷塘泛舟赏荷，竞放荷灯，享受皓月遮云的夏夜风情。

荷花不仅具有这般高的观赏价值，还具有很高的食用和药用价值。人们很早就发现了荷花可以制作美食，如碧筒酒、莲花曲、叫花鸡等，与叫花鸡不相上下的莲房鱼包，自宋以后便是江南名菜。据林洪《山家清供·莲房鱼包》记载，先把莲房杂蒂去掉，再把瓤肉挖掉并保留莲孔，然后把在酒、酱等香料中腌渍过的鳜鱼肉塞进莲孔中，采用底朝下的方式放蒸锅中蒸熟，出锅后在莲房内外抹涂上蜜，装上碟盘就可以吃了，如果还能配上"渔父三鲜"（莲花、菊花和菱）汤，那就是神仙饮食了！道家大师陶弘景也赞叹："花入神仙家，用入香尤妙。"

萤衍夏草

　　萤火虫带着它特有的富有浪漫情味的光辉进入了暑夏的夜空，非常让人动情！历代文人雅士作赋吟诗不少，仅有唐一代即有骆宾王《萤火赋》、李子卿《水萤赋》、陈廷章《腐草为萤赋》等，然而与之不相称的是，"腐草为萤"究竟是咋回事，古人却一直囿于生化说。孔颖达说："腐草此时得暑湿之气，故为萤。不云化者，鸠化为鹰，鹰仍化为鸠，故称化；今腐草为萤，萤不复为腐草，故不称化。"在"鹰化为鸠"一候中就说过，孔颖达区分了生化说有"化"和"为"两种状态，"腐草为萤"就是"不再复本形"的"为"，就是"腐草为萤，萤不复为腐草"，这是原理，具体的缘由当然就是"腐草此时得暑湿之气"，暑夏的湿气促使腐草变成了萤火虫。后来朱熹的解释是："离明之极，则幽阴至微之物亦化而为明也。"（陈澔《礼记集说》）太阳光极强的时候，就能使阴性微小物体变成阳性而明亮的物体，这种说法给人的感觉是不了了之！可吴澄还沿用了这一说。唐代陈廷章的解说有点特别："始前衰而委化，终后显而可觌。寂然不动，应大暑于兹时；默尔而成，扬温风于永夕。"草先衰腐才开始变化，变化后才逐渐明显，人们也就能够看到了萤火虫，之所以如此，"若受天之明命，能在地以成形"，当然这里的天命，似乎为温风的吹拂和大暑的到来。

　　暑夏三月，野草在溽暑中死去，萤火虫自朽叶里腾飞，这究竟是如何发生的呢？关键是对萤火虫身世的把握。萤火虫是鞘翅目萤科昆虫的通称，全世界约两千种，中国共有一百五十多种，分布于热带、亚热带和温带地区。夜间要发光，可分为水生类和陆生类，"腐草为萤"属于陆生类。这类萤火虫一生要经过卵、幼虫、蛹、成虫这四个时期。

暑月不可露卧，勿沐浴当风，

慎贼邪之气侵人。

其月无冰，

不可以凉水阴冷作冰饮。

水热生涎者勿饮，能杀人。

《琐碎录》

宋·夏圭（传）《月令图·腐草为萤》

成虫往往居住在阴暗潮湿的腐草丛中，每年约在炎夏五月，成虫就出现了，经过雌雄交配，就在水边腐草丛中产卵；卵是淡黄色的小粒，在夜里能看见它不断地发光；卵慢慢地发育变黑，经过一个月左右便到了暑夏六月，孵化成为灰色的幼虫；幼虫的身体像一个纺锤，有很多节，两端尖细，上下扁平，有三对发达的足，尾部的两侧有发光器，夜里发光；它在水边残草芜丛中生活，捕食小动物为生。由于古人没有观察到萤火虫这一生命进化过程，还误以为萤火虫是腐草变的。萤火虫寿命很短，成虫野外寿命除了个别的可以达到 20—30 天者外，其余都是 3—7 天，有利于做候应物。因而清代马国翰《腐草为萤诗》赞叹道："腐竟为神化，时催物换形。前身原上草，此夕幌间萤。大暑多蒸溽，重阴久晦冥。渐移烟冉冉，遥散火荧荧。花蕊新辉艳，池塘旧梦醒。生机循朽麦，性识胜浮萍。"

凌霄

凌霄多半绕棕榈
深染栀黄色不如

"腐草为萤"的花信是凌霄。凌霄又名苕、苕华、上树龙、五爪龙、九龙下海、接骨丹、过路蜈蚣、藤五加、搜骨风、白狗肠、堕胎花、紫葳等，是紫葳科凌霄属攀缘藤本花卉。凌霄生性强健，性喜温暖又有一定的耐寒能力，因而河北、陕西、山东、河南以及福建、广东、广西等省区和长江流域更为常见。明代王世懋《花疏·凌霄》说："凌霄花，缠奇石老树，作花可观。大都与春时、紫藤皆园林中不可少者。"凌霄老干扭曲盘旋、苍劲古朴，陆玑《毛诗草木虫鱼疏》说，它的花六月初开始为白紫，七八月中则变为紫赤、黄紫，"紫赤而繁，华衰则黄"，花色鲜艳，芳香味浓，且花期很长，所以成为"园林中不可少者"，还可以作为室内的盆栽，根据种花人的爱好，装扮成各种图形，颇多花趣。唐代欧阳炯《凌霄花》诗："凌霄多半绕棕榈，深染栀黄色不如。满树微风吹细叶，一条龙甲飐清虚。"

凌霄的花不仅多姿多彩，还含有芹菜素、毛蕊花糖苷，即洋丁香酚苷、梾木苷及齐墩果酸、熊果酸、科罗索酸、山楂酸、阿江榄仁酸、胡萝卜甾醇、糠醛等人体所需各种元素（见赵中振、萧培根主编《当代药用植物典》）。

宋代张方平《萤》这样写道："土润正溽暑，幽庭熠耀飞。陈荄未全脱，生气一何微。风急光不灭，月明景共稀。蟏蛸与蟋蟀，时节伴依依。""熠耀飞"即萤火虫晚上在夜空中飞翔，萤火虫、蟏蛸（xiāoshāo，即喜蛛或蟏子）、蟋蟀都在暑夏时节次第登场，并结伴依依，更重要的是"土润正溽暑"，这句巧妙地将"腐草为萤"自然地延伸到"土润溽暑"。

"土润溽暑"包括两个方面，即土润和溽暑。土润指大地的水分充足，五月下雨天数与四月相比，西北、华中、华东地区变化不大。炎夏五月下旬，黄淮流域、长江中下游流域已经开始进入梅雨季节。我们知道，雨下到地面的雨水，一部分流向附近的河湖中储存起来了，一部分渗入地下成为重要的地下水，一部分流到小河再汇入大河，大河汇集成大江，最后流入大海。暑夏六月气温比炎夏五月高："朱明振炎气，溽暑扇温飙。"（南朝宋·谢惠连《喜雨诗》）太阳（朱明）促使气温"炎气"不断地升高，让地面和土壤中的积水大量蒸发，因而更令人难忍的"溽暑"来了。"溽暑"就是夏天出现的小气候环境，根据气象特点区分为干热气候和湿热气候：干热气候以高气温、强辐射热及湿度小为特点，室内气温一般可比室外高5—15摄氏度，相对湿度常在40%以下；湿热气候是气温高，湿度大，但辐射热并不强，气温在35—39摄氏度时，人体三分之二的余热通过汗蒸发排泄，此时如果周围环境潮湿，汗液则不易蒸发。暑夏下旬则是"土润"和"溽暑"汇聚的时候，特别是"溽暑"，湿热的温度更大，常感难受的闷热，皮肤上出汗的蒸发不畅快，人表现得更难受："绕过黄梅节，连番溽暑增。山容浓似滴，土脉润于蒸。漠漠因云洒，炎炎误日

土溽夏暑

花信：玉簪

三十五候土润溽暑

是月勿饮山涧泽水，
令人患瘕。

《四时纂》

宋·夏圭（传）《月令图·土润溽暑》

升。泥融穿任蚓，座热附添蝇。苔础纹滋久，蕉衫汗湿曾。天光余赫烈，地气郁普腾。"（清·延清《土润溽暑诗》）原以为过了阴雨连绵的梅雨时节气候会好一点，谁知"土润"和"溽暑"一起涌来，地水被炎日蒸发，空气被暑溽热垄，天地之间就只有"赫烈"的强光和"普腾"的郁气了！本想静养可是坐垫越来越热，扇子也挡不住温度飙升，台基上滋润日久的苔藓，让人感受不到绿意的盎然，反而徒增人们的汗水，糟糕的是苍蝇、蚊子还恣意添烦……

玉簪

瑶池仙子宴流霞
醉里遗簪幻作花

"土润溽暑"的花信是玉簪花。玉簪花又名白萼、白鹤仙、玉春棒等，为百合科玉簪属多年生宿根花卉。宋代王安石《玉簪》诗："瑶池仙子宴流霞，醉里遗簪幻作花。万斛浓香山麝馥，随风吹落到君家。"前两句交代了玉簪花花名由来，即诞生于先秦的、美丽的神话传说：西王母有次宴请群仙，仙女们欢饮玉液琼浆，个个飘然欲醉，云发散乱，头上的玉簪则遗落凡间，化为玉簪花。后两句突出了玉簪花的香味，特别浓郁而胜过麝香，而且还能随风飘散到千家万户！王象晋的《群芳谱·玉簪花》介绍就全面多了："玉簪花，一名白萼，一名白鹤仙，一名季女，处处有之。有宿根，二月生苗成丛，六七月丛中抽一茎，茎上有细叶十余。每叶出花一朵，长二三寸，本小末大，未开时，正如白玉搔头簪形。开时，微绽四出，中吐黄蕊，七须环列，一须独长，甚香而清，朝开暮卷。间有结子者，圆如豌豆，生青熟黑；亦有紫花者，叶微狭，花小于白者，叶上黄绿相间，名间道。"

玉簪是中国古典庭院中重要花卉之一，还被明代屠本畯推为"六月花盟主"（《瓶史月表·玉簪》），具有较高的园林观赏价值，可用于湿地及水岸边绿化。

玉簪的花、根性味甘、凉，都可以药用。

暑化夏雨

尽管《月令》中前有仲春之月的"雨水"、季春之月的"时雨"，后有仲秋之月的"秋雨"、仲冬之月的"雨汁"，但列入七十二候的就只有"大雨时行"。古人对雨的认识很早而且也比较科学，作于东汉以前的《黄帝内经·素问·阴阳应象大论》说："地气上为云，天气下为雨。雨出地气，云出天气。"南朝齐梁间全元起作注进一步解说："地虽在下，而地气上升为云。天虽在上，而天气下降为雨。夫由云而后有雨，是雨虽天降，而实本地气所升之云，故雨出地气。由雨之降而后，有云之升，是云虽地升，而实本天气所降之雨。"

"大雨时行"的"大雨"是什么雨呢？《夏小正》的记录是"时有霖雨"。可"霖雨"有连绵大雨和及时雨（或甘霖）两个意思：前一个意思如曹植《赠白马王彪》诗："霖雨泥我涂，流潦浩纵横。"久雨之后，到处是洪水，路上是泥泞，所以"苦雨"之声不绝于耳，这雨算是坏雨。后一个如郑板桥的《和高相公给赈山东道中喜雨》诗："多谢西南云一片，顿教霖雨遍耕桑。"清风白云，庄稼葱绿，"喜雨"之情溢于言表，这雨是真正的好雨。"大雨时行"的霖雨究竟是好还是坏？古人有一个时间标准："凡雨，自三日以往为霖。"（《左传·隐公九年》）没有连续下三天的雨就是好雨。另外，雨也有季节性的好坏，一般而言春雨是春风化雨，人们特别喜爱，郑板桥说的就是春雨，秋天本富萧瑟情调，如果再来一个连续三天以上的雨，人们所有的好心情可能都要被淋没了，曹植不仅是在秋天，而且是离京，和兄弟告别，这个时候的"霖雨"有谁能够禁受得起？"大雨时行"发生在暑夏"土润溽暑"的最后几天，是典型的对流雨，即在夏季太阳晒得很厉害，地面受热强，近地层空气也

孙真人曰：
是月肝气微弱，脾旺，
宜节约饮食，远声色。
此时阴气内伏，暑毒外蒸，
纵意当风，任性食冷，
故人多暴泄之患。
切须饮食温软，不令太饱，
时饮粟米温汤、豆蔻熟水最好。

《遵生八笺》

宋·夏圭（传）《月令图·大雨时行》

受热携带水汽上升，上升过程中气温下降，水汽达到饱和而形成云，云发展而成为雨，正好应了"冬雨必暖，夏雨必凉"的规律，较长时间陷于"土润溽暑"中的人以及动植物，真的很需要"大雨时行"，好好凉爽一下！除了"凉"还有一个重点，这个大雨的频率是"时行"，即不是连绵不断地下，而是间接性地下，所以够不上坏雨的条件。"时行"还有就是按时节而行，"大雨时行"是宣告夏去秋来，这或许也是七十二候只选这一雨为标志的原因。叱咤风云的唐太宗就很欣赏这个"大雨时行"："和风吹绿野，梅雨洒芳田。新流添旧涧，宿雾足朝烟。雁湿行无次，花沾色更鲜。"（《咏雨诗》）尽管梅雨刚过，但这个"时行"的"大雨"吹绿了大地，激活了溪涧，洗艳了草木花卉！晋代周处《风土记》记载："六月有大雨，名濯枝雨。"正是体现了"大雨时行"的好雨的特性。

海州常山

"大雨时行"的花信是海州常山。海州常山又名臭梧、臭桐、泡火桐、八角梧桐、后庭花、追骨风等，为马鞭草科大青属落叶灌木或小乔木。我国原产，汉代《名医别录》就已经有明确的记录，清代医学家赵学敏《本草纲目拾遗》引《百草镜》云："其叶圆尖，不甚大，搓之气臭，叶上有红筋，夏开花，外有红苞成簇，色白五瓣，结实青圆如豆，十一月熟，蓝色，花、叶、皮俱入药。"介绍简明扼要，海州常山茎直立，表面灰白色，皮孔细小而多，棕褐色，叶对生，广卵形以至椭圆形；花蕾蕾时绿白色，以后逐渐变为紫红色，裂片三角状披针形或卵形，顶端尖；花香，花冠白色或带粉红色，管细，花丝与花柱同伸出花冠外；果皮呈蓝色而多浆汁。

海州常山喜阳光、稍耐阴、耐旱，适应性好，在温暖湿润气候下，肥、水条件好的沙壤上生长旺盛，广泛分布于中国辽宁、甘肃、陕西以及华北、中南、西南各地。它花序大，花形美丽奇特，花期长，果实青圆如豆，可配植于庭院、山坡、溪边、堤岸、悬崖、石隙及林下。

玉露金风处暑天

萧秋七月六候

"晓雨初过潦暑收，微云澹月作新秋。"宋代喻良能的诗句告诉人们，"时行"的"晓雨"收服了暑夏的"潦暑"，"微云澹月"展示了"新秋"初出的姿容。随着时节的递进，应时的场景势必会改变，取代"晓雨""潦暑"的"微云澹月"只是刚刚进入秋天的最初状态，秋天的典型场景应该是"月华浑似十分圆，玉露金风处暑天"（宋·廖刚《王守生辰七月十四日》）。澹月时时有，可"十分圆"的月，就应该在秋天了！更能代表萧秋七月的则是"玉露金风"，"玉露"就是秋露，杜甫《秋兴》诗之一云"玉露凋伤枫树林，巫山巫峡气萧森"；"金风"就是秋风，张协《杂诗十首·其三》云"金风扇素节，丹霞启阴期"，李善注曰："西方为秋而主金，故秋风曰金风也。"冯梦龙《警世通言·王安石三难苏学士》中则说："一年四季，风各有名：春天为和风，夏天为薰风，秋天为金风，冬天为朔风。和、薰、金、朔四样风，配着四时。"

七月是早秋，玉露、金风也就最先而且频频出现在早秋里。唐长孙无忌有"金飚扇徂暑，玉露下层台"（《仪鸾殿早秋侍宴应诏》）之句，宋夏倪有"玉露金风丽早秋，绿樽翠杓明相射"（《寿蒲宪》）之句，明皇甫汸有"玉露零清夜，金风戒早秋"（《秋日二首·其一》）之句，清乾隆皇帝也有特殊的玉露、金风之游、之感："玉露金风酝早秋，结璘池馆倍堪酬。影流碧瓦辉鸹鹊，光耀银河浴斗牛。香棹轻移荷芰浦，锦帆飞渡凤麟洲。心将素宇同寥阔，宫漏听催午夜筹。"诗题《秋夜泛月》，在秋月下体悟玉露、金风就是不一样的，所以才会有泛舟夜游的冲动，才看到了月亮清辉照到落在碧瓦的"鸹（zhì）鹊"，这是条支国（即今哈萨克斯坦）贡献给汉章帝的祥瑞鸷鸟，身形高大，能解人语，鸹鹊群翔是国家太平的瑞象，此时的乾隆帝顿觉能够"光耀银河浴斗牛""心将素宇同寥阔"，自信满满，豪情万丈，夜游并不是为游而游，也确实该为乾隆帝点赞！有了这份志趣情意，才有锦帆飞渡、香棹轻移，大有"轻舟已过万重山"之感，要不是宫漏更筹的催促，按他的游兴或许会持续进行……

秋气、秋意从何而来？乾隆帝已经作了很好的回答："玉露金风酝早秋！"正因为玉露、金风酝酿，早秋才有"气萧森"，早秋七月才堪称"萧秋"。萧秋七月中次第发生的六候是：凉风至、白露降、寒蝉鸣、鹰乃祭鸟、天地始肃、农乃登谷。

雨启秋风

如前所说，"大雨时行"的"时行"是按时节而行，是宣告夏去秋来，而"凉风至"则是紧承"大雨时行"而来，这既是时节上的相承，也是气候原理上的相承，即"时行"的"大雨"开启了"凉风"的"至"。这一点，古人早就知道，宋代著名女诗人朱淑真在《早秋偶笔》诗中说："肃肃凉风至，凄然景骤清。雨余残暑退，日落晚凉生。鹰隼双睛转，梧桐一叶惊。试听松竹里，万籁起秋声。""时行"的"大雨"消退了残余的溽暑，肃肃的凉风不失时机地随雨驾到，暑夏烦人的凄然景象忽然清朗了、凉爽了……不久就看到目光炯炯的雄鹰在天空翱翔、梧桐树上的叶片已有了秋意，还可以聆听松竹、虫鸟等万物发出的秋声了！

这种随即而来的"肃肃凉风"，究竟是什么"风"呢？朱淑真也有诗说明："西风淅淅收残暑，庭竹萧疏报早秋。砌下黄昏微雨后，幽蛩（qióng，直翅目昆虫蟋蟀和蝗虫）唧唧使人愁。"（《早秋有感》）"收残暑"的"淅淅"西风就是退"残暑"的"肃肃凉风"，所以吴澄在《集解》中释"凉风"时说："西方凄清之风曰凉风，温变而凉气始肃也。"古人除了用阴阳解说一切事物，也喜欢用五行来阐述，秋季被排在西方的金位，所以古人就把与秋相关的事物加上"金"字，金汉指银河、金鸿指秋雁、金龙指秋季、金气指秋气……金风就是秋风了，这才有著名的"金风玉露"，近代女诗人温倩华有五绝《早秋即事》，其意境与朱淑真的《早秋有感》颇为相似："一夜潇潇雨，金风剪残暑。池荷报秋来，叶叶作愁语。"

诚然，金风不如西风更接近气候，诗人许浑《早秋三首·其一》诗："遥夜泛清瑟，西风生翠萝。残萤栖玉露，

宋·夏圭（传）《月令图·凉风至》

早雁拂金河。"西风生于早秋之夜。明代余月汀《蚤秋》诗云："山院梧桐阴未稀，西风连日撼柴扉。"早秋时节，凄清的西风日夜不息，无处不在，平添了一秋的萧瑟。

红秋葵

倾阳一点丹心在
承得中天雨露多

"凉风至"的花信是红秋葵。红秋葵自秦以来便有记载，在古代文献中有荆葵、槭葵、蜀葵、钱葵、戎葵、胡葵、芘芣、锦蜀葵等别名，属于锦葵科木槿属直立草本植物。晋崔豹《古今注》有关红秋葵的记载："荆葵，一名戎葵，一名芘芣；华似木槿而光色夺目，有红、有紫、有青、有白、有赤，茎叶不殊，但花色异耳。一曰蜀葵。"其中开红花、结红果的当为红秋葵。明代毛晋（《毛诗草木鸟兽虫鱼疏广要》）又介绍道："一种叶纤长而多缺如锯，花如锦葵而极红，每以夜半开，至午则连房脱落，谓之'川蜀葵'。亦云：'朝开暮落花。'濮氏曰：'芘芣、紫荆，春时开花叶未生，花紫色，自根及干而上连接甚密，有类虮窠。'"明代王圻在《三才图会·秋葵》说："秋葵一名黄蜀葵，《说文》：'黄葵常倾叶向日，不令照其根，虞繁、韩偓各有赋。'"黄蜀葵即黄秋葵，与红秋葵都属于锦葵科秋葵的一种，区别就在花果的颜色，黄秋葵花果是绿色的，红秋葵是红色的。

红秋葵以华丽的外表和高产、高效，成为一种难得的水景观赏植物，深受人们喜爱。

金风、玉露在初秋是难分难舍的，所以"凉风至"一结束，白露随即降下来了！或许有人会觉得纳闷：风一来露不就会被吹落了吗？这点中国古代也是明白的，早在塞北边陲，人们就观察到了。三国吴西北民歌《秋风》："秋风扬沙尘，寒露沾衣裳。角弓持弦急，鸠鸟化为鹰。""秋风扬"就有"寒露沾"。中原地区也相同，初唐李峤《露》诗："玉垂丹棘上，珠湛绿荷中。夜警千年鹤，朝零七月风。"七月金风使玉露附着在丹棘上，清晨还在绿荷上闪闪发光。在江南的金风玉露就更美了："寂寂曙风生，迟迟散野轻。露华摇有滴，林叶袅无声。暗剪丛芳发，空传谷鸟鸣。悠扬韶景静，澹荡霁烟横。"（唐·金厚载《风不鸣条》）以至于湖北黄冈有风露亭、浙江丽水有风露楼等名胜。

露水虽说四季皆有，但露形成的温度是在 0 摄氏度以上，如果温度降至 0 摄氏度以下，冻结成冰珠，称为冻露，实际上也归入霜的一类。除东北外，我国华北、西部春冬两季日均温低温都在 0 摄氏度以下。我们以 2017 年 8 月 6 至 10 日山西翼城、河南洛阳两地情况为例来印证：山西翼城这五天低温在 19—24 摄氏度之间，晴天、多云各两天，都是大西风，在 1—2 级之间；河南洛阳这五天低温在 21—25 摄氏度之间，四个晴天，大西风三个，在 2—3 级之间。这正好满足了露水产生的气象条件，所以"白露降"作为萧秋七月的第二候标志。

露水本身如玉，有玲珑剔透的姿容，有婉转流丽的娇态："仙掌铜盘入太清，金茎玉露可长生。葳蕤（wēiruí）泫竹三危色，滴沥添荷五夜声。薤叶易晞霜未结，芦花欲白鹤频惊。但供姑射（yè）神人饮，谁助良田黍稷成。"（明·顾德基《咏白露降》）《朱子语类·露》认为露水是星

风携秋露

三十八候白露降
花信：石蒜

七日取角蒿置毡褥书籍中，可以避蠹。

《家塾事亲》

宋·夏圭（传）《月令图·白露降》

月之气，有清肃底气象，还可以滋润万物。

　　露水含有植物渗出的某些对人体有益的化学物质，对人体的健康也极为有利；所以，古罗马人提倡"喝下一罐新鲜的露水"，明代大医学家李时珍的《本草纲目》也认为，"秋露繁时，以盘收取，煎如饴，令人延年不饥"，"百草头上秋露，未晞时收取，愈百疾，止消渴，令人身轻不饥，悦泽"。还说："百花上露，令人好颜色。"

石蒜

"白露降"的花信是石蒜。石蒜又名乌蒜、独蒜、野蒜、婆婆酸、水麻、避蛇生、龙爪花、蟑螂花等，为石蒜科石蒜属多年生草本植物。原产于中国，分布于中国西南地区、中部地区、华东地区、华南地区。它常野生于缓坡林缘、溪边等比较湿润及排水良好的地方，还生长于丘陵山区石缝土层稍深厚的地方。其鳞茎近球形，秋季出叶，叶呈狭带状，深绿色，间有粉绿色带。花茎高约30厘米，伞形花序，花4—7朵，鲜红色。

石蒜属于优良宿根草本花卉，耐寒性强，其深绿而带有粉绿色带的叶子，可供冬天观赏；它萧秋开花，花形美丽，花色鲜红，是秋天很好的观赏花卉。园林中常用作背阴处绿化或林下地被花卉，也用来作花坛或花径材料。它还可以用于制作花篮、花束、花环等。在日本，它被称为"秋彼岸"，是秋分节气的花卉标志，因而被称为"彼岸花"（日本秋分前后三天叫"秋彼岸"）。在佛教传说中，它被称为"曼珠沙华"（意为天上之花），典籍中解释为"赤团华"，其颜色和形态特征，与中国、日本等地最常见的红花石蒜非常相似，故而"彼岸花"渐渐被安上了"曼珠沙华"的名字。当代文艺作品中常见的"彼岸花"或"曼珠沙华"，通常所指的都是红花石蒜。

石蒜的鳞茎可入药，《世医得效方》《本草图经》《本草纲目》《本草纲目拾遗》《中医大词典》等都有记载。

"蝉急知秋早，莺疏觉夏阑。"（唐·刘祎之《九成宫秋初应诏》）动物的鸣叫总是能让人们感知到时节的变化，才五十天，由"蜩始鸣"就到了"寒蝉鸣"，也就由"夏阑"而"急知秋早"了！

蚱蝉和寒蝉都是蝉，但又不是完全一样的蝉，晋博物学家郭璞云："寒螿（jiāng）也，似蝉而小，青赤。"（见孔颖达《礼记正义》）寒蝉又名寒螿（还有蜺、油蝉、碣馏侯等），形体相对要小一点，体色非黑，而是密被金黄色细短毛，黑中泛红的青赤。这是最直观的外貌区分。吴澄《集解》又做了些补充："鸣于秋者曰寒蜩，即《楚辞》所谓寒螿也，故《风土记》曰：'蟪蛄鸣朝，寒螿鸣夕。'今秋初夕

宋·夏圭（传）《月令图·寒蝉鸣》

蝉鸣秋萧

三十九候寒蝉鸣

花信：金灯藤

七月为申，
申者，身也，
言万物身体皆成就也。

《晋乐志》

阳之际，小而绿色、声急疾者，俗称'都了'是也。"增加了寒蜩、寒螀、都了别名及其得名的缘由，补充了鸣叫及其时间，即秋天傍晚。吴澄的补充算是比较理性的了。在吴澄之前，蔡邕和陆佃都有一个传统的理想说明，蔡邕说："寒蝉应阴而鸣，鸣则天凉，故谓之寒蝉也。"（《月令章句》）陆佃也说："然此物生于盛阳，感阴而鸣。"（《埤雅》）阴阳之说过于玄秘，但也告诉人们寒蝉的命名及其鸣叫与"天凉"有一定的关系，陆佃更进一步认为，寒蝉因为出生于盛阳四月才对萧秋七月初的"天凉"特别敏感，所以发出了幽抑的鸣叫。

限于科学水平，这种认知基本是古代的主流，除了宋代词人柳永那"寒蝉凄切"外，稍晚于柳永的胡宿也感叹："槁叶惊秋树幄稀，嘶蝉犹尚警寒枝。玉琴可要传深恨，珠露何妨剩荐饥。已伴风筝流远韵，更邀霜籁散馀悲。"同是《寒蝉》诗，明代的庄学曾则把蝉的寒意和人的秋意交融起来："何限悲秋意，恓恓古树林。夕阳曛正急，朝露湿难禁。玄鬓愁霜入，危冠抱叶深。"不过，也有人对蔡、陆对寒蝉的结论有所怀疑，并试着提出新的探索，这就是明代的殷奎，他认为："白露凝霜抱叶眠，渴肠愁杀夜来蝉。"意思是，寒蝉的鸣叫是为了"渴肠"，即为了饥渴而鸣叫，也算一说。诚然，我们凭现代科技来看，这自然是不准确的，如同蚱蝉和其他蝉一样，寒蝉的鸣叫也是雄蝉为了追求雌蝉而努力发出的"爱的呼唤"，现代著名女学者、诗人沈祖棻《曲玉管·寒蝉》词上阕云："冷露移盘，西风扫叶，枯枝尚叹栖难定。欲把浓愁低诉，还咽残声，此时情。倦恋柯条，羞寻冠珥，上林只让寒鸦影。"用人"低诉"极度相思的"浓愁"来比拟寒蝉的雌蝉难求（"栖难定"）的"咽残声"，就是既情意绵绵又科学合理的诠释了。或许有人会质疑，但是因"天凉"而鸣叫的说法是站不住脚的。一个妇孺皆知的成语"噤若寒蝉"，本义就说寒蝉是秋鸣，而天寒则不鸣的。而且，至目前为止，科学界还没有发现超出"蜩始鸣"中所说的择偶、天气异常预报、报警这三种情况之外的鸣叫。

金灯藤

含烟黄且绿
因风卷复垂

"寒蝉鸣"的花信是金灯藤。金灯藤分布于我国南北各省区，并传入越南、朝鲜、日本等国，多生于田边、荒地、灌木丛中，或寄生于豆科、茄科、蔷薇科、无患子科等诸科木本和草本植物，在西周之前就进入人们的视野，因而很早就进入了文献，《诗经》称唐、女萝，《尔雅》称蒙、玉女、菟丝、菟丘，《本草纲目》称火焰草、金线草、野狐丝等，《名医别录》称菟缕，《本草拾遗》称难火兰。进入现代后，别称更多，有大菟丝子、菟丝子、无娘藤、金灯笼、无根藤、飞来藤、无根草、天蓬草、无量藤等名称，它属于旋花科菟丝子属，一年生寄生缠绕草本。其茎较粗壮，肉质，茎色为黄色并常带紫红色瘤状斑点，无毛，多分枝，无叶，穗状花序，花冠钟状，呈淡红色或绿白色。

古人对金灯藤情有独钟，历代吟咏者不少："金灯花，夜深照影"（清·钱涛《百花弹词》），"石巅（yǎn）峰前绿草肥，菟丝挟雨上梧枝"（元·陈樵《山馆》），"幂历女萝草，蔓衍旁松枝。含烟黄且绿，因风卷复垂"（南朝齐·王融《咏女萝诗》），"君为女萝草，妾作菟丝花"（唐·李白《古意》），"蓇草黄华，实如菟丝。君子是佩，人服媚之。帝女所化，其理难思"（晋·郭璞《山海经图赞》），等等。前两诗写花本身的姿态，后两首则人文化了，李白诗书写爱情，郭璞诗写的是游仙。

金灯藤种子入药称"菟丝子"，性味甘、苦、平，归肝、肾经，具有清热、凉血、利水功效。

"先夏学飞腾"，一个月以后，小鹰和大鹰振飞和搏击的本领都已经"学""习"好了，因而刚一踏入孟秋之月，"鹰乃祭鸟，用始行戮"（《礼记·月令》），"祭鸟"就是捕击、猎杀小鸟及野兔、蛇、鼠等。意大利的卢多维科·布格里奥是这样描述雄鹰捕杀鹊的：以迅猛之势将鹊掀翻，随即将利爪把鹊的胸至尾抓扣撕破，鹊重伤而血肉模糊，鹰便按住审视一下就食用了。因而鹰和獭不同，通常是一次出击一个猎物，食用完毕再伺机攻杀下一个猎物，没有獭那种把所猎之物先码放在一起或陈列出来的雅兴。至于"若人君行刑戮之而已"（《礼记》郑注）或"似人之食而祭先"（《礼记》陈注），则是把鹰祭鸟与儒臣的政治教育和儒师的道德教育联系起来的阐释。

鹰捕食雀鸟如此，捕食其他猎物也如此："两翅一展秋云高，两睛四顾秋林肃。狐兔忽落爪距下，肝脑须臾厌其腹。"（《憎鹰行》）这是北宋文学家黄裳记述亲眼所见的鹰捕食狐狸和野兔的场景，秋高云淡，鹰在上空盘旋，充分利用超凡的视力，一旦狐狸或野兔进入它的视野，便"恚然劲翻剪荆棘"呼啸凌厉而下，瞬间狐狸或野兔就落在鹰的"爪距下"，须臾间狐狸或野兔就填饱了鹰的肚子！鹰无论是"下攫狐兔腾苍茫"，还是"爪毛吻血百鸟逝"，常常会"独立四顾时激昂"（唐·柳宗元《笼鹰词》），时时处于"激昂"的状态中！

鹰"力劲筋骨轻""纵逸凌九天"（清·陈景元《苍鹰行》），成为力量和雄武的象征，古代中国、埃及、苏美尔等就把它作为王室的标志，古罗马、美洲等地不少部落有鹰的图腾，现在的罗马尼亚、伊拉克、叙利亚、也门、德国、奥地利、波兰、阿拉伯联合酋长国、捷克、利比亚、厄瓜多

鹰扬秋祭

四十候鹰乃祭鸟
花信：何首乌

七月暑气将伏，
宜食稍凉，
以为调摄。

《千金月令》

宋·夏圭（传）《月令图·鹰乃祭鸟》

尔、哥伦比亚、巴拿马、俄罗斯、南非等国家，或把鹰
当作国鸟，或在国徽中应用了鹰的图案，使鹰成为国家
的精神力量象征。

何首乌

何首乌来又见他
问君何解忧思处

"鹰乃祭鸟"的花信是何首乌。唐代刘翰、马志等编著的《开宝本草》中首次对何首乌予以记载，此后各代都有载述，以明代为多而完善，其中以明太祖朱元璋第五子朱橚（sù）的《救荒本草·何首乌》一节具有代表性，记录了野苗、交藤、夜合、地精、陈知白、桃柳藤、九真藤等别名（此后则陆续新增了首乌、赤首乌、山首乌、药首乌、赤敛、红内消、马肝石、疮帚、山奴、山精、夜交藤根、紫乌藤等不下二十种别名），记述了原产地以及分布地，原产顺州南河县（今广西陆川），然后陆续扩散分布于岭外、江南、河南（现代认为陕西南部、甘肃南部、华东、华中、华南、四川、云南及贵州等地自古就有），其中以河南洛西嵩山、商丘的最好；描述了主要的形态特征为"蔓延而生，茎蔓紫色；叶似山药叶而不光嫩，叶间开黄白花，似葛勒花，结子有棱，似荞麦而极细小，如粟粒大，根大者如拳，各有五楞瓣，状似甜瓜样，中有花纹形如鸟兽山岳之状者极珍"，生长于山谷灌丛、山坡林下、沟边石隙。

何首乌为蓼科何首乌属多年生缠绕藤本植物，块根肥厚，长椭圆形，黑褐色；但雄雌有别，雄的苗叶黄白，花为赤红色，雌的苗叶赤黄，花为白色。但令何首乌闻名的不是观赏价值，而是它的食用和药用价值。饥荒时节或想尝野味，就可以将新挖出的块根洗净，切成片放到淘米水中浸泡一晚，换水后再煮去除原生苦味，捞出后洗一洗，然后蒸或煮熟，待不烫后就可以吃了；叶子也可以烧着吃。关于其得名的传说虽有十余种，但最重要的是唐代韩愈弟子李翱的《何首乌传》，名字和药用也就由此而来："服之一年，髭发乌黑。"

萧秋已经进入最后十天了，凉风至、白露降、寒蝉鸣，一片萧索，一片凄清，再来一个鸷鹰的"爪毛吻血"（不少解说就连同"秋决"来说事，这是想多了！古代秋决通常是在霜降和冬至之间，秋决开始还在两个月之后），天地间因而充满了肃杀之气："白露凉风变树林，高山远水倍幽深。六宫纨扇捐尘箧，万户寒衣急暮砧。紫塞霜飞催候雁，碧空云散指流心。侧身天地悲萧索，抱膝聊为梁甫吟。"（明·顾德基《咏天地始肃》）凉风、白露虚寒侵人，树木也一改昔日的葱绿："草色萧条路，槐花零落风。"（唐·刘威《旅中早秋》）叶和花都开始飘落了，野草叶开始枯萎了，江河水瘦了，峰峦清高了，紫塞（长城，指北方边塞）候雁嗖嗖欲飞，万户捣衣砧声频频……

顾德基形象描述的这些天地始肃的表征，很显然与这时的气候息息相关，我们仍拿 2017 年 8 月山西翼城和河南洛阳的气象记录来考察，发现此月上、下旬又较大的差异：山西翼城 8 月上旬（1 日至 11 日）有 5 个晴天，日均温是 22.8—33.8 摄氏度，大西风 7 天，下旬（21 日至 31 日）有两个晴天，日均温是 18.36—26.36 摄氏度，大西风 7 天；上下旬相比，风向和风级基本相同，可是下旬比上旬日均温要低得多，具体是 4.44—7.4 摄氏度，造成温差大的原因，主要是下旬比上旬少了 3 个晴天。河南洛阳的情况大致相似：上旬有 8 个晴天，日均温是 25—34.7 摄氏度，大西风 2 天，下旬有 1 个晴天，日均温是 20.36—27.45 摄氏度，大西风 3 天；上下旬相比，风级基本相同但下旬风多 1 天，下旬比上旬日均温也低得多，具体是 5.02—7.25 摄氏度，造成温差大的原因，主要是下旬比上旬少了 7 个晴天！可见日照是决定气温高低的主导因素。

风露秋肃

四十一候天地始肃

花信：八宝

孙真人曰：
勿食雁，伤人。
勿多食菱肉，动气。
勿食生蜜，令人暴下霍乱。
勿食猪肺，勿多食新姜。

《遵生八笺》

宋·夏圭（传）《月令图·天地始肃》

　　清代延清的《天地始肃诗》补充了"天地始肃"的南北差异："岁有从今始，迎秋早肃然。冰霜占北地，风雨靖南天。"七月以后，华南确实雨天有所增加，如海南九月就比八月多，至于北方八月见霜的有黑龙江伊春、牡丹江以及辽宁沈阳、吉林敦化等地。

　　毫无疑问，天地之间的肃杀之气从此时开始，并非已经进入了肃杀充满的至境！宋代欧阳修诗云："豁然高秋天地肃，万物衰零谁暇吊。君看金蕊正芬敷，晓日浮霜相照耀。煌煌正色秀可餐，蔼蔼清香寒愈峭。"天地始肃之时，是万物凋零的开始，他还在津津有味地欣赏秋菊！

八宝

忘忧虽无用

止焰或有施

"天地始肃"的花信是八宝。八宝在《神农本草经》等文献中有景天、慎火、戒火、救火、据火、火母、护火、辟火等别名，现代又有八宝景天、活血三七、对叶景天、白花蝎子草等特称，属景天科八宝属多年生草本植物。八宝性喜强光和干燥、通风良好的环境，耐寒性强，广泛分布于云贵川一带、江浙一带，多生长于海拔 450—1800 米的山坡草地或沟边。

花呈粉红或白色的八宝，在花卉逐渐减少的初秋，适宜于在室内栽培，作观赏用。南朝梁范筠《咏慎火》诗："兹卉信丛丛，微荣未足奇。何期糅香草，遂得绕花池。忘忧虽无用，止焰或有施。"将八宝在家里水池边密集地栽培起来，还没有繁盛的倒没有什么稀奇，但到七月下旬枝叶繁茂，花儿红出白外，远望犹如一簇簇焰火，秀出初秋；还有很好的御火作用。

据《本草纲目》《本草图经》《千金方》等记载，八宝全草都可入药，性味苦、平，无毒，具有清热解毒、散瘀消肿、止血的功效。

禾稔秋收

四十二候农乃登谷

花信：紫苏

这一候候名有四个：《吕氏春秋》作"升谷"，《淮南子》作"农始升谷"，《逸周书》《唐月令》《月令七十二候集解》等作"禾乃登"，《礼记·月令》等作"农乃登谷"。如何判断四个候名哪一个更准，需要做三个比较：第一，收"禾"和收"谷"哪个准？禾的本意就是禾苗，由此引申为成熟的禾，禾在北方特称是指粟，泛指谷类之物；谷本来作"穀"，是庄稼和粮食的总称，其中也包括了禾泛指的谷类，因为在七月成熟的农作物除了稻子等谷物外，还有瓜果等，所以用登谷比登禾更准确。第二，"升"和"登"哪一个更准？"升"只有升高的意思，"登"既有升高的意思，还有完成、成熟等意思，"登谷"就是完成收割成熟庄稼。第三，收割庄稼的人需要明确，"农"字不能缺失，所以，只有"农乃登谷"才准确地表达了农民收割成熟庄稼的意义。宋代刘挚的《秋收》诗，就是如此真正全面展示了"农乃登谷"几乎全部的内涵和场景："农家之富秋始见，十色田利皆丰登。担赢车载上场圃，环舍隐积如高陵。园蔬林果不足数，山雉野兔霜未增。连村箫鼓谢神贶，谷黍换酒无斗升。田家之乐岂不好，胡为不归邀我朋。榜舟梁泽家汶北，咄哉反此如鞲（gōu）鹰。"诗中不仅有稻农收割谷物，有果农采摘果蔬，还有猎人上山打猎……有尝新的秋社、酒店的斗酒，实在令人钦羡！

宋代杨亿《白帝迎神高安曲》云："西颢腾精，天地始肃。盛德在金，百嘉阜育。彍弩射牲，筑场登谷。明灵格思，旍罕纷属。"秋天的精气腾翻，天地就开始出现了肃杀之气；此时的盛气在五行金，那些需要播种的，得到了玉露的滋育，猎人们检修好弩箭，准备打猎；农民就要修筑场子，准备收割；但愿圣明神灵光临，举起旍旌引导先

肝心少气，肺脏独旺，宜安静性情，增咸减辛，助气补筋，以养脾胃。毋冒极热，勿恣凉冷，毋发大汗，保全元气。

《遵生八笺》

宋·夏圭（传）《月令图·农乃登谷》

祖纷纷回家。 曲子首先点明初秋最后两个物候先后相承，农事也由狩猎到收谷，然后是祭祖祭神。 清代李锴撷取了"农乃登谷"的一个特殊场景："先登早秫次登谷。 老农涤场颜色喜，饱饭今冬到妻子。"（《十二乐秋辞·其一》）先收割了早熟的高粱，再收割了当季的稻子，在打麦场的老农心里乐滋滋的，原来除了庄稼的丰收外，最重要的是终于能够给妻子吃上一冬的饱饭了！ 这个出色的劳动能手，又如此顾家，真值得点赞！

紫苏

人言常食饮，蔬茹不可忽

紫苏品之中，功具神农述

"农乃登谷"的花信是紫苏。紫苏别名有桂荏、白苏、赤苏、红苏、黑苏、白紫苏、青苏、苏麻、水升麻等，自汉以来历代文献中，如《本草图经》《食疗本草》提到紫苏有胡荆芥、新罗荆芥、石荆芥、水苏、蘸菜等名称，属于唇形科紫苏属一年生直立草本。紫苏生长适宜温度为25摄氏度，适应性强，对土壤要求不严，在排水较好的砂质土壤、黏土上均能良好生长，较耐高温，全国各地广泛栽培。

紫苏具有食用和药用价值。它和肉类煮熟可增加后者的香味。药用部位以茎叶及籽实为主。

紫苏籽榨出的油名苏籽油，可供食用，又有防腐作用，供香料制作和工业使用。

宋代章甫《紫苏》诗对紫苏作了全面描述："吾家大江南，生长惯卑湿。早衰坐辛勤，寒气得相袭。每愁春夏交，两脚难行立。贫穷医药少，未易办芝术（zhú）。人言常食饮，蔬茹不可忽。紫苏品之中，功具神农述。为汤益广庭，调度宜同橘。结子最甘香，要待秋霜实。作腐罂粟然，加点须姜蜜。由兹颇知殊，每就畦丁乞……"

气清天朗属中秋 清秋八月六候

南宋四大名臣之一、词人李光有这样的诗句："气清天朗属中秋，黉舍初成燕鲁侯。"这是他担任晋州岳阳（今山西省安泽县）县尉兼主簿，出席郡学落成庆宴所作诗的开头两句，"黉（hóng，学校）舍初成"句就是点明了地点和事件，与这一候最关切的就是首句"气清天朗属中秋"，如果说"金风玉露"是萧秋七月的气候标志，那么"气清天朗"无疑就是清秋八月的气候标志。

同样的金风玉露，到了八月就风更清丽、露更清白——"凉风清且厉，凝露结为霜"（《古今乐录》），而且还有闯入人眼的、不一样的黄白交相辉映的光彩："玉露沾篱菊，金风落井梧。"（宋·文彦博《古寺清秋日·其二》）华北的八月是："苍凉初日照帘栊，秋气清高八月中。满砌寒蛩啼冷露，一天新雁度西风。"（明·朱有燉《秋凉》）秋气清高，初日苍凉，寒蛩冷露，新雁西风，是富有粗犷的清朗。华南的八月是："清秋山色净帘栊，八月芙蓉满镜中。醉任岭云连海绿，愁禁枫叶接天红。"（明·蔡羽《秋思》）山色清净，芙蓉满镜，苍岭绿海，红枫彩霞，是富有艳丽的清朗。华中的八月是："登九疑兮望清川，见三湘之潺湲……荷花落兮江色秋，风袅袅兮夜悠悠。"（唐·李白《悲清秋赋》）苍梧九疑，清川三湘，碧荷湛江，袅袅秋风，是富有底蕴的清朗。华东的八月是："八月天台路，清风物物嘉。晴虹生远树，过雁带平沙。日气常蒸稻，天香喜酿花。门前五株柳，定是故人家。"（元·李孝光《天台道上闻天香》）清风晴虹，嘉物株柳，过雁平沙，蒸稻天香，是富有锦绣的清朗。西部的八月是："山行无晨暮，日暝崖谷昏。哀猿落客泪，永路惊旅魂。凭陵高山巅，俯视大江奔。回环岛屿合，萦转洲渚屯。行云赴楚天，飞鸟下蜀门。地遐怪物聚，寺古深殿存。"（宋·范祖禹《资州路东津寺》）晨暮日暝，高山大江，地遐深殿，哀猿飞鸟，是富有悲壮的清朗。面对神州别具一格的清朗，元代蒙古族诗人乌延师中在看到了湖南邵阳有名的"双清秋月"后，抒写了独特的清朗观感："高城木落见清秋，亭馆丹青在上头。落日远邀孤鸟没，苍山长夹两江流。东西舟楫通荆楚，咫尺阑干近斗牛。天地茫茫一杯酒，登临莫问古今愁。"何等的慷慨豪迈！

清秋八月中次第发生的六候是：鸿雁来、元鸟归、群鸟养羞、雷始收声、蛰虫坏户、水始涸。

八月虽是"清秋"，但是第一个节气便是白露，昼夜温差很大，白天蒸腾的水汽会在夜间凝结为露或霜。这时大气流开始由夏季风逐渐转为冬季风，北方地区的冷空气明显开始频繁侵入，加之太阳直射地面的位置南移，北半球日照时间越来越短，白天日照时长缩短，导致气温迅速下降。在这"秋深白露已凝霜"之时，"楚水芦干朔柳黄"（明·顾德基《咏鸿雁来》），楚水湘湖芦苇菱槁，朔方北漠沙飞柳枯，就出现了"白鸿苍雁，三异三同。栖辞紫塞，游振苍穹。眠沙宿水，唳月嘹风"（清·叶志诜《鸿雁来赞》）的景象。大雁开始"首南下"的壮举，三三两两的"白鸿苍雁"，告别故里，振羽蓝天，"眠沙宿水，唳月嘹

雁起秋塞

四十三候鸿雁来（首南下）

花信：桂花

宋·夏圭（传）《月令图·鸿雁来》

仲秋之月，大利平肃，
安宁志性，收敛神气，
增酸养肝。
勿令极饱，勿令壅塞。

《遵生八笺》

风"，飞越"紫塞"，穿过雁门，一路南下，面对此情此景，连雄才大略的汉武帝也为之动容："秋风起兮白云飞，草木黄落兮雁南归""萧鼓鸣兮发棹歌，欢乐极兮哀情多！"此时的汉武帝虽然只有44岁，但看到北雁南飞，想到自己还要打通西域，开发西南，平定南越和东越，不觉有悲欢无常、兴衰难料之叹！

　　首次南下的雁就是第一次北归的雁，它们从"安居"的西伯利亚繁殖并休养一段时间后，就开始了征程，早一点的就于此时到达黑龙江齐齐哈尔、佳木斯、嫩江、牡丹江，内蒙古额济纳旗、呼伦湖和鄂尔多斯世珍园旅游区，宁夏青铜峡鸟岛、石嘴山雁窝池，青海湖，北京怀柔雁栖镇，河北邯郸、山海关，河南商丘、洛阳，甘肃干海子鸟类保护区、新疆石河子和山东德州等地，有物候观察者于1992年10月中旬至10月末，在吉林省西部草原一次见到3000只雁南飞的大群。经过一段时间休整，一些再经江苏徐州东下飞到江苏盐城和上海崇明岛东滩等地越冬，一些经安徽霍山东南下飞到浙江乐清雁荡山雁湖越冬，一些经湖北武汉东南下飞到江西鄱阳湖北部三山、泗山、朱袍山等岛屿一带越冬，或南下飞到湖南洞庭湖，形成了著名的"平沙落雁"。宋代以来，有宋代释德洪、李石，北宋末金初施宜生，宋末元初周密，元代曹文晦、李齐贤（韩国古代三大诗人之一），元末明初杨基、凌云翰，明代李梦阳、文徵明，明末清初于成龙，清代乾隆帝、苏再渔等一大批文化名人，都有歌咏。由洞庭湖再南下就到了"回雁南来第一峰"的衡阳回雁峰越冬，唐代杰出青年诗人王勃有"雁阵惊寒，声断衡阳之浦"的感喟，其实有些体力充沛的大雁，会越过回雁峰再南下，到了广东梅州的雁洋镇雁鸣湖越冬。这正是："春融曾北乡，秋冷又南来。绝塞飞红叶，平沙点碧苔。数行渔浦下，万里驿程催。楚水谁相送，衡峰此来回。"（清·延清《鸿雁来》）

桂花

手种秋风碧玉成
花开如粟水沉惊

"鸿雁来"的花信是桂花。桂花是中国木樨科木樨属常绿灌木或小乔木桂的通俗名称。《山海经·南山经》就有多处桂的记载，其后屈原的《九歌》，以及《吕氏春秋》《尔雅》《神农本草经》《礼记》等都有记载，但因记载的角度不同，使桂花有很多别称：因为叶子像圭而称"桂"；纹理如犀，又叫木樨；其清雅高洁，香飘四溢，被称为"仙友"；又被称为"仙树""花中月老"；通常生长在岩岭上，于是叫"岩桂"；秋季开花，花色由橙黄、橙红至朱红，因而称"丹桂"；其香气具有清浓两兼的特点，清可荡涤，浓可致远，因此有"九里香"的美称；花黄细如粟，故又有"金粟"之名；桂花为"仙客"；花开于秋，旧说秋之神主西方，所以也称"西香"或"秋香"；等等。

作为"鸿雁来"花信的桂花，是金桂。它是常绿小乔木，有大花金桂、大叶黄、潢川金桂、晚金桂、圆叶金桂、咸宁晚桂等品种。金桂是桂花中最具观赏值的。它终年枝叶繁茂，开花时花朵金黄，秀丽而不娇，花香馥郁，幽香而不露，可以在一些大型绿地、公园栽植，可作为行道树，也可植于庭院。唐初诗人王绩《古意》诗："桂树何苍苍，秋来花更芳。自言岁寒性，不知露与霜。幽人重其德，徙植临前堂。"桂树枝叶苍苍，一到清秋花开馨馥沁人，赏心悦目，尤其是不畏严霜的品性，足供世人敬重。

有"百药之长"的桂树具有很好的药用价值，《本草纲目》中引用《神农本草经》说桂可"治百病，养精神，和颜色，为诸药先聘通使，久服轻身不老，面生光华，媚好常如童子"。人们还充分利用桂花制作桂花酒、糯米桂花藕、桂花黄林酥、桂花糕、桂花紫薯糯米饭、桂花酒酿细圆子、烧桂花肠、桂花杏仁豆腐、桂花小豆粥等美味佳肴。

"元鸟归"处在"鸿雁来"和"鸿雁来宾"之间，燕子的"归"和鸿雁"来"虽然来去相反，但是都在秋天发出了节候变化的信号，即"阴阳之气"的互相交换，民国时期的福建《政和县志》载："以春秋兼名，春曰燕福，秋曰鸿福，取海燕至、鸿雁来宾之义。"

燕子的"归"是到了仲秋，它们返回北回归线以南，飞迁到温暖的东南亚以及更远的澳大利亚越冬。在秋分时候准时返归的燕子，是从河南洛阳、商丘和河北承德等地起飞，紧接着是从黑龙江鸡西、嫩江山河林场和跃进农场，哈尔滨的香坊区和南岗区等地起飞；略早于秋分的从新疆石河子和陕西西安，吉林敦化，黑龙江佳木斯、虎林，安徽霍山

宋·夏圭（传）《月令图·玄鸟归》

燕返秋居

四十四候元鸟归

花信：芦苇

起居勿犯贼邪之风。
勿多食肥腥，
令人霍乱。

《云笈七签》

和四川雅安等地起飞；晚秋分一周以上从黑龙江齐齐哈尔、五大连池、吉林长春、山东聊城和江苏徐州，河北保定、邯郸，四川仁寿和浙江温州等地起飞；就目前所知，从河北易县 8 月 1 日起飞的燕子要比从江苏盐城 11 月 5 日才起飞的燕子，早归 94 天！当然南归的燕子主要是在秋分前后起飞的，所以江苏高邮设有社燕，云南师宗定八月为燕月。

马国翰《元鸟归诗》赞美燕子道："玄鸟真多智，阴中候不违。移时将毕垫，是月自知归。海外迎仙履，秋边弄羽衣。乡询何处是，社较昔来非。亦既炎凉过，相将上下飞。肌应含静泪，背且带朝晖。安乐循凫跹，阳春待凤晞。芳檐双语至，旧识转依依。"燕子多智，来归大致守信，而且能够敏锐地感受到"炎凉"的变化，无论来归，都认真地"弄羽衣"而整理着装，保持良好的形象，最难得的是燕子无论风餐露宿还是阳春朝晖，都成对地窃窃"双语"、情感"依依"。

燕子是候鸟，也是益鸟：主要以蚊、蝇等昆虫为主食，几个月就能吃掉 25 万只昆虫。燕子是人类民俗文化的建构者之一，除了殷商传下来求子的高禖祭祀活动（起源于简狄吞燕卵而生子的传说）外，还有"元鸟至"一候中的彩燕等。南朝梁医药学家陶弘景还发现燕子具有食药两用的特性，自明代以来成为名贵食品之一的燕窝，它含有丰富的糖类、有机酸、游离氨基酸以及特征物质——唾液酸，具有滋阴、润燥和补中益气等功效。

芦苇

纵然一夜风吹去
只在芦花浅水边

"元鸟归"的花信是芦苇。芦苇又名芦、苇、萑、葭、葭、蒹、荻、蒹葭等，为禾本科芦苇属多年生草本植物。它根状茎十分发达，为江河湖泽、池塘沟渠沿岸和低湿地区域广泛分布的多型种草本，中国东北的辽河三角洲、松嫩和三江平原，内蒙古的呼伦贝尔和锡林郭勒草原，新疆的博斯腾湖、伊犁河谷等，华北平原的白洋淀等，都是芦苇大面积分布的地区。

芦苇具有四个方面的价值：第一，生态价值。它根茎四布，有固堤之效，能吸收水中的磷，可以抑制蓝藻的生长，净化污水，涵养水源，形成的良好湿地生态环境，为鸟类提供栖息的家园。第二，经济价值。芦叶、芦花、芦茎、芦根、芦笋均可用作饲料；芦苇秆可用来造纸和人造纤维，还可以编制苇席；芦苇的空茎可以制芦笛，芦苇穗可以制作扫帚，芦苇花的花絮可以用来充填枕头。第三，观赏价值。芦苇多种在水边，在开花季节特别漂亮，可供观赏。唐代诗人张祜《咏芦》："凿地栽芦贮碧流，临轩一望似汀洲。葱珑好映淮南树，疏雨偏宜海上鸥。历历迎风敲枕晓，萧萧和雨捲帘秋。君看范蠡功成后，不道烟波无去舟。"这是自然芦苇地的景与情。它还可以移植庭院，南唐诗人李中《庭苇》是这样描写的："品格清于竹，诗家景最幽。从栽向池沼，长似在汀洲。玩好招溪叟，栖堪待野鸥。影疏当夕照，花乱正深秋。韵细堪清耳，根牢好系舟。"也别有一番情趣！第四，医药价值。据《名医别录》《本草纲目》《金匮玉函方》《太平圣惠方》《千金方》等记载，芦根性寒、味甘，适合用于清胃火，除肺热，有健胃、镇呕、利尿之功效。

这一候候名《夏小正》作"丹鸟羞白鸟"，与《逸周书》《月令》不同，而且自汉代郑玄作注提出"二者文异，群鸟、丹良，未闻孰是"疑问以来，到唐孔颖达、清纳兰性德以至于今，仍然存疑。丹鸟（或作丹良、丹鸟）是什么？晋杜预注《左传》"丹鸟司闭"说："丹鸟，鷩雉也。"鷩（bì）雉就是锦鸡，中国原生的锦鸡只有红腹锦鸡和白腹锦鸡两种（后来的杂交锦鸡例外），它们除了羽毛的差异外，其他就没有差别了。正因为如此，它们也常会碰到一起，也就会发生一起觅食或者相互间赠食、夺食的情况，宋代刘弇"丹鸟白鸟争吞吐，还云去云无定度"（《夜叹》）诗句，就是明证。锦鸡是留鸟，又不善飞，所以生活

宋·夏圭（传）《月令图·群鸟养羞》

备寒秋实

四十五候群鸟养羞

花信：败酱

是月采百合，
曝干蒸食之，
甚益气力。

《杂纂》

习性没有太大的变化，也可能因为这个，大多数还是采用"群鸟养羞"。

　　"群鸟养羞"的"群鸟"，吴澄认为："三人以上为众，三兽以上为群；群，众也。"这表明三只以上的鸟聚在一起就是群鸟。什么是"养羞"呢？陈澔说："羞者，所美之食；养羞者，藏之以备冬月之养也。"（《礼记集说》）"羞"，现代通作"馐"，就是美食，所以别把"饣"旁弄丢了，否则弄得大家都不好意思吃了。陈澔的意思很明显，就是把好吃的留下来等到冬天吃。这两位的说法得到了大家的认同。

　　但是，再想想感觉好像还不够完善。留下来等到冬天吃，这个"馐"会不会变质？如果是候鸟，那它们又怎么把这一批留下的"馐"带到千百里之外？所以，鸟既然有留守与迁飞的差异，那么它们就必须有不同的应对寒冬来临的方略，古人正是在明白这个道理的基础上，通过观察并认证，才提炼出"群鸟养羞"这一候。它的完整的意思是：迁飞的候鸟则"养"，汉代高诱注《吕氏春秋》"群鸟养羞"说"谓寒气将至，群鸟养进其毛羽御寒也"，又注《淮南子》"群鸟翔"说"谓群鸟试其羽翼而高翔也"，将这两个意思贯通起来就是"养"，即迁飞之前把翅膀的羽毛养得丰满，还要养得强健，才能保证迁飞到千里甚至数千里的越冬地去，大雁和燕子就是如此的。不迁的留鸟则"羞"，这才是陈澔所说的准备好越冬所需的美食，或"蓄食以备冬，如藏珍羞"（朱右曾《逸周书·时训》校释），但所藏通常是不易变质的坚果等，当今科学家在美国亚利桑那州曾发现一只极度缺乏安全感的橡实啄木鸟，居然在一个废旧的木制水箱中藏了近220千克橡子。

败酱

碧枝翠叶玉新裁
千点梢头花始开

"群鸟养羞"的花信是败酱。败酱又名鹿肠、鹿首、马草、泽败、鹿酱、胭脂麻、野苦菜、观音菜、白苦爹、苦苣、萌菜、女郎花等，它因为有陈腐的豆酱气而命名，为败酱科败酱属多年生草本。败酱比较耐寒，主要生长于山坡林下、林缘和灌丛、草丛中，除宁夏、青海、新疆、西藏和海南外，其余各地均有分布。它的茎直立，叶片卵形，呈伞房状的圆锥花丛，花呈白色，故称"白花败酱"。日本艺术家巨势小石赞败酱："碧枝翠叶玉新裁，千点梢头花始开。金粟满原收不尽，赚他野雀误飞来。"颇有情趣。

李时珍《本草纲目》称："（败酱）处处原野有之，俗名苦菜。野人食之，江东人每采收储焉。春初生苗，深冬始凋。初时叶布地生，似菘菜。叶而狭长，有锯齿，绿色。面深背浅。夏秋茎高二三尺而柔弱，数寸一节，节间生叶，四散如伞。颠顶开白花成簇，如芹花、蛇床子花状。结小实成簇。其根白紫，颇似柴胡。"除了介绍败酱的形态特征和生长习性外，也明确了败酱两个价值：一是食用，人们尤其是江南人，往往在春初采摘，洗净并暴蒸，然后做菜；二是药用，《神农本草经》《名医别录》《药性论》《日华子本草》《植物名实图考》《四川中药志》《闽东本草》等记载，白花败酱全株入药，以干燥、叶多、气浓、无泥沙杂草者为佳。它性味辛苦，微寒，归经入肝、胃、大肠经，与桂心、川芎、当归等配伍而制成败酱汤。

败酱还被古人用来寄托情怀，清代田雯《黄鹤楼放歌》诗云："已见周郎破曹瞒，更说孙策击黄祖。凭吊酒倾三百杯，败酱花开满林莽。山高鹤睡寂无闻，渔人一唱呕哑橹。"

吴澄引用鲍氏对雷始收声的解释是："雷二月阳中发声，八月阴中收声入地，则万物随入也。"从阴阳原理考察，雷在"二月阳中发声"而在"八月阴中收声"，所谓"阳中"就是阳气强盛的时候，也就是大壮卦"四阳盛而不伏于二阴"的盛春二月；所谓"阴中"就是观卦（☶），观卦的卦象是上巽下坤，上面是"巽伏震"，即风吹偃了雷，下面是"坤伏乾"，即地取代了天，形成了"四阴盛而不伏于二阳"的格局。众所周知，雷出现的根本起因是气温将地面上的水蒸发成水蒸气上升到云层变成正负电微水粒相撞而形成的，所以我们把相对高的气温当作阳，相对低的气温当作阴，就可以看出"阳中"和"阴中"说是否有科学性。为

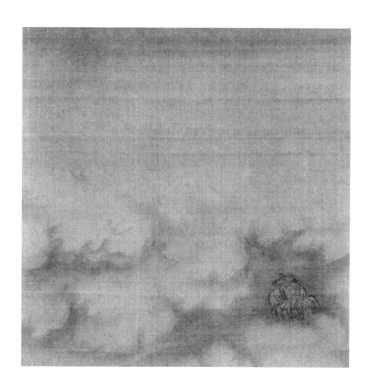

宋·夏圭（传）《月令图·雷始收声》

此月可食韭菜、露葵。

《千金月令》

了更好地说明问题，我们选择了山西、河南、海南和有"华夏古都"之称所在的陕西四地，它们既是七十二候说法起源和主要流行地区，也具有代表性，请看"阳中""阴中"和各地区相应月份的均温表。

地区及月份	阳中（阳盛不伏于阴）			阴中（阴盛不伏于阳）		
	正月	二月（大壮卦）	三月	七月	八月（观卦）	九月
山西	-10—3 摄氏度	-7—6 摄氏度	0—15 摄氏度	20—31 摄氏度	19—30 摄氏度	13—25 摄氏度
河南	-3—6 摄氏度	0—9 摄氏度	6—17 摄氏度	25—34 摄氏度	24—33 摄氏度	19—28 摄氏度
陕西	-3—5 摄氏度	0—9 摄氏度	6—17 摄氏度	25—35 摄氏度	23—33 摄氏度	18—27 摄氏度
海南	16—22 摄氏度	17—23 摄氏度	21—28 摄氏度	27—34 摄氏度	27—33 摄氏度	26—33 摄氏度

从表中不难看出：四个地区二月的均温都高于正月，而且二月以后均温持续升高，如三月，这就是"阳盛"，阳气盛壮，万物生长；相反，四个地区八月的均温都低于七月，而且七月以后均温持续降低，如九月，这就是"阴盛"，巽卦就是"风行地上，草木必偃，枯槁朽腐"（《九家易·观》），宋朱淑真《秋日行》诗描述道："萧瑟西风起何处，庭前叶叶惊梧树……园林草木半含黄，篱菊黄金花正吐。池上枯杨噪晚蝉，愁莲菽菽啼残露。"这令人伤感的情景，"万物收成天地肃"（《秋日行》），也就是鲍氏所说的"万物随入"。

"阳中"和"阴中"的转变，与"雷始收声"是同步的。据气象部门的物候记录，"雷始收声"的时间一般是：山西太原为公历 9 月 16 日，河北山海关为公历 10 月 11 日至 17 日之间，陕西西安为公历 9 月 21 日，四川仁寿为公历 7 月 27 日或 9 月 12 日，河南洛阳为公历 9 月 1 日至 8 日之间，而浙江宁波为公历 8 月 22 日，安徽铜陵也是公历 10 月 13 日。由此看来，华北、西南、华中地区与古代基本一致。中央气象局 2018 年对 2007 年、2012 年、2013 年的雷电活动的统计，雷电结束期始于公历 9 月，也与古代相同。

木芙蓉

是叶葳蕤霜照夜
此花烂漫火烧秋

"雷始收声"的花信是木芙蓉。木芙蓉又名芙蓉花、拒霜花、木莲、地芙蓉、华木，原产中国，主要分布于辽、冀、鲁、陕、皖，以及江浙赣、闽台、两广两湖和云贵川等省区。王象晋《群芳谱》描述木芙蓉道："木芙蓉有数种，惟大红千瓣、白千瓣、半白半桃红千瓣、醉芙蓉、朝白午桃红晚大红者，佳甚。黄色者，种贵难得。又有四面花、转观花，红白相间。八九月间，次第开谢，深浅敷荣。最耐寒，而不落，不结子。总之，此花清姿雅质，独殿众芳。秋江寂寞，不怨东风可称俟，命之君子矣。"按花色区分出来了大红千瓣、白千瓣、半白半桃红千瓣、醉芙蓉、朝白、午桃红、晚大红的七种小品类，另突出了四面花和转观花的"红白相间"特色，认定了八九月间的花期，表达了对"次第开谢""深浅敷荣"的细致观察，还有对木芙蓉姿容的欣赏和品格的敬佩。

木芙蓉具有多方面的价值：它蔚然成荫，花大而色丽，花色色变而形成了有名的"三醉芙蓉""弄色芙蓉"等；可以孤植、丛植于路旁等处，特别宜于配植水滨，开花时波光花影，相映益妍，分外妖娆，所以《长物志》云"芙蓉宜植池岸，临水为佳"；还可以栽作花篱，在寒冷的北方也可盆栽观赏。其次是食用价值，木芙蓉花烧汤食，软滑爽口；花瓣与鸡肉一道可制成芙蓉花鸡片；与竹笋同煮可制成雪霞羹等。

木芙蓉是值得赞美的："素灵失律诈风流，强把芳菲半载偷。是叶葳蕤霜照夜，此花烂漫火烧秋。谢莲色淡争堪种，陶菊香浓亦合羞。谁道金风能肃物，因何厚薄不相侔。"（唐·刘兼《木芙蓉》）

坏户秋严

"蛰虫坏户六经旬，掣电惊雷若莫春。震起昆虫千百亿，不知何处更容身。"这是宋代文学家楼钥的七绝，诗虽然抒发的是"不知何处更容身"的彷徨，却陈述了"蛰虫坏户六经旬"的物候轮回，从"蛰虫坏户"经过六个月后就是"蛰虫始振"了。在"蛰虫始振"中就说了蛰虫是"指以昆虫为主的小动物"，如蚯蚓、蚂蚁、白蚁、土豚、变形虫、涡虫、钩虾、熊虫、轮虫、线虫、螨、马陆、蜈蚣、双尾虫、跳虫、伪蝎、蜘蛛、隐翅虫、原尾虫、蛭、螺、蛇、青蛙、鼠妇、土拔鼠等，这些小动物需要躲避严寒而冬眠，它们大部分是在泥土中穴居，而且是以不同的身态过冬的，有的以成虫身态，有的以幼虫身态，有的则是以蛹身态。

不过，这时蛰虫还没有进入冬眠的状态，仅仅是在准备当中，所以才叫"坏户"。坏，不是好坏的坏，而是同"培"（因而有的作"坯"或直接作"培"），指用泥土堆积保护墙、堤等或涂塞空隙。秋分已过，昼短夜长的现象将越来越明显，日照明显减少，昼夜温差越来越大，再加上西北风时时来袭（《白虎通·八风》"不周风至蛰虫匿"），气温逐日下降，一天比一天冷，逐渐步入深秋季节。宋代晁公溯诗云："冽冽天北风，仰视寒云繁。蛰虫亦坏户，子独在丘原。"（《劳刘子仪视作红花堰》）这种气候的变化，蛰虫比人能更加敏锐地感受到，所以才纷纷采取应对措施："坏户"。郑玄《礼记注》解释"坏户"说："坏，益也。蛰虫益户，谓稍小之也。"蛰虫将所居之穴增厚，并把进出口稍微缩小，为什么要这样做呢？孔颖达《礼记正义》"疏"云："以土增益穴之四畔，使通明处稍小。所以然者，以阴气将至，此以坏之稍小，以时气尚温，犹须出入。"因为风寒来袭，穴居的蛰虫就增加培土使洞穴和进出口都缩

宋·夏圭（传）《月令图·蛰虫坏户》

小，这样既有利于保温，又方便继续出入。

　　这些蛰虫虽然都是地下工作者，但是它们活动于人的居处旁边、田园郊野，所以还是比较容易被观察到的，现代节气歌诀就有"秋分秋雨天渐凉，稻黄果香秋收忙，拉碾脱粒交公粮"，人们发现了蛰虫坏户之后，知道秋分已经过去了，天越来越冷，因而抓紧秋收，完成公粮缴纳任务。

　　明代顾德基把"蛰虫坏户"作了道教仙化般的描述："秋虫辟谷慕清虚，解避风寒尽穴居。云锁洞门逃白帝，身游泉路梦华胥。诒知坐井天还大，自信巢柯乐有余。"（《咏蛰虫坏户》）这倒别有一番情趣！

葛花

出入君箧笥，长得近辉光
层冰布河水，中夜皓凝霜

"蛰虫坏户"的花信是葛花。顾名思义，葛花就是葛的花。葛又名葛藤、甘葛、野葛等，为豆科葛属多年生草质藤本植物。宋代博物家苏颂《本草图经》记述葛："今处处有之，江浙尤多，春生苗。引藤蔓，长一二丈，紫色，叶颇似楸叶而小，色青。七月著花（《中国植物志》第41卷：葛'花期9—10月'），粉紫色，似豌豆花，不结实，根形大如手臂，紫黑色，五月五日午时采根，暴干，以入土深者为佳，今人多作粉食。寇宗奭曰：澧鼎之间，冬月取生葛，捣烂入水中，揉出粉，澄成垛，入沸汤中，良久，色如胶，其体甚韧，以蜜拌食，捺入生姜少许，尤妙。又切入茶中待宾，虽甘而无益，又将生葛根煮熟作果实卖。吉州、南安亦然。"葛生长于山地疏林或密林中，主产于广东北部、湖北、江苏、江西、河南等地，尤其以广东车八岭国家自然保护区、湖北钟祥等地资源丰富、品质上乘。

葛的价值除了苏颂所说的食用以外，还具有经济价值，茎皮纤维在古代不仅可以供织布剪裁而成葛衣、葛巾等平民服饰，还可以造葛纸、葛绳等。其根是药食同源植物，既有药用价值，又有营养保健之功效。葛粉和葛花用于解酒。明代张时彻《采葛篇》，对葛及其价值有形象的描述："种葛南山下，春风吹葛长。二月吹葛绿，八月吹葛黄。腰镰逝采掇，织作君衣裳。经以长相忆，纬以思不忘。出入君箧笥，长得近辉光。层冰布河水，中夜皓凝霜。吴罗五文采，蜀锦双鸳鸯。君恩长断绝，叹息摧中肠。中肠日以摧，葛叶日以衰。愿留枯根株，化作萱草枝。"

葛花也具独特的观赏价值，明末清初名诗人汪琬游石公山时，眼里就只有葛花："石公最苍秀，独立俛平川。露涵葛花紫，风送禽语妍。"

"水始涸"，字面的意思就是水开始逐渐枯竭了。从"雷始收声"到"水始涸"，虽然时间不长，但是水的饱满或枯竭还是可见的！所以，古人也就比较早地注意并观察了，《国语·周语》就有"辰角见而雨毕，天根见而水涸"、"雨毕而除道，水涸而成梁"等记载，意思是大辰苍龙之角星早晨在东方出现，雨气就尽了；天根星早晨在东方出现，大雨也就尽了。这虽然看的是天象，但落实到的是地水。大雨、小雨都没有了，那么，人们就能够外出或旅游了，如果有大江大河影响，那就需要架设桥梁，以便通行。这说法，被通天文学的否定，首先是辰角和天根的出现相距二十多天，其次它们不可能都在早晨出现，最后是辰角和天根的

四十八候水始涸

花信：常春藤

宋·夏圭（传）《月令图·水始涸》

是月心脏气微，肺金用事，
宜减苦增辛，助筋补血，
以养心肝脾胃。
勿犯邪风，令人生疮，
以作疫痢。

孙思邈《摄养论》

出现都在九月而不是八月。

如果我们撇开星象的纠结，再看看元代陈澔《礼记集说》的注解："水本气之所为，春夏气至，故长；秋冬气返，故涸也。"《周语》的说法，对理解"水始涸"还是很有帮助的。从时间看，陈澔使用季节而周人使用月份，很显然月份更准确些。这其中还有一个孔颖达才注意到的关键词："始"。他认为始是八月相对于九月而言的，而且八月最后几天的开始，才有九月的最后"涸"的准备和前提。时间没有误差和矛盾。从雷雨多寡与地水的盈亏看，它们同步并成正比，雷雨多地水就盈，雷雨寡地水亏（"涸"），按照这个认识，我们就可以用每月雨天的数量来印证，以华北山西和华南海南作个案，列表于下：

月雨 地区	二月 (雨天)	三月 (雨天)	四月 (雨天)	五月 (雨天)	六月 (雨天)	七月 (雨天)	八月 (雨天)	九月 (雨天)	十月 (雨天)	十一月 (雨天)	全年 (雨天)
山西	0	2	3	4	9	12	10	6	4	3	55
海南	8	7	9	14	14	13	13	11	9	9	123

二月第五候是"雷乃发声"，八月第四候是"雷始收声"、第六候是"水始涸"，我们一眼就可以看出：无论是山西还是海南，从二月到八月，雨天是逐月增加，八月之后，雨天是逐月减少。九月虽然没有彻底"涸"（当然这也不太可能），毕竟还是显著地"涸"下去了！这足以证明八月的最后一候"水始涸"还是能够体现物候的变迁的！宋代高僧释正觉《颂古一百则·其九十四》有"野水瘦时秋潦退，白云断处旧山寒"之句，《禅人并化主写真求赞》有"秋山癯而清，秋水瘦而净""山寒露风棱，水瘦褪沙痕"等诗句，也印证了"水始涸"的物候特征还是明显的。

常春藤

仙人紫府居
手携长春藤

"水始涸"的花信是常春藤。常春藤又名土鼓藤、钻天风、三角风、散骨风、枫荷梨藤、龙鳞薜荔、尖叶薜荔、爬墙虎、尖角枫、山葡萄、犁头南枫藤、三角箭、散骨风、三叶木莲等，为五加科常春藤属多年生常绿攀缘藤本。它为阴性藤本植物，喜阴，但更喜欢温暖湿润的环境，在全光照环境下也可以生长，因而广泛分布华北、华东、华南及西南各地。其茎呈灰棕色或黑棕色，叶为椭圆状披针形，花色淡黄白或淡绿白，花药紫色，果实红色或黄色，为圆球形。

常春藤具有一定的观赏价值。它叶形美丽，四季常青，花色多彩，果色鲜艳，因而多栽植于假山旁、墙根，让其自然附着垂直或覆盖生长，起到装饰美化环境的效果；可以盆栽或垂吊，以中小盆栽为主，可设置多种造型陈设于室内，添加生趣和雅趣；还可以用来遮盖室内花园的壁面，使其室内花园景观更加自然美丽。它还是道观常植的具有道教意味的观赏物，清代吴雯《赠高澹人舍人》诗云："北风动天地，银河五尺冰。仙人紫府居，手携长春藤。却看芙蓉花，才开一千层。麒麟游灵囿，凤凰翔高陵。常有青童来，送以无尽灯。嗟尔抢榆鸟，何如运海鹏。"

常春藤具有药用价值。据《本草拾遗》《日华子本草》《本草再新》《分类草药性》《西藏常用中草药》等记载，其茎具有补脾利湿、去风滑痰、通行经络、行血和血，以及理气等作用。

露菊新花一半黄

凉秋九月六候

寒露、霜降相继光临了这个月,《易通卦验》所谓正阴云（如冠缨一样的浓云）、太阴云（上如羊、下如磐石一样的浓云）也相继出现在这个月的上空,气温因而就全部下降了,日均温按照降幅由低到高次第是:华南低、高温都是降1摄氏度,西南低、高温都是降2摄氏度,华东低、高温的降幅是4—5摄氏度,华中低、高温的降幅都是5摄氏度,西北低、高温的降幅是5—6摄氏度,华北低、高温的降幅是6—5摄氏度。就这样,凉秋九月也就取代了清秋八月。

正因为如此,八、九月虽然同是秋天,但一"清"一"凉"却凸显了各自月份的不同内涵:"清"给予世界的是清悠悠,而"凉"给予世界的是凉飕飕。我们可以体会一下东晋诗人江逌的感受:"祝融解炎辔,蓐收起凉驾。高风催节变,凝露督物化。长林悲素秋,茂草思朱夏。鸣雁薄云岭,蟋蟀吟深榭。寒蝉向夕号,惊飙激中夜。感物增人怀,凄然无欣暇。"(《咏秋诗》)夏神祝融刚刚解除了炎夏,秋神蓐收就驾着凉车来了,徐徐而来的金风慢慢消歇了延留的炎热成就了清秋,但是逐渐强劲的西风、西北风,不仅不断催变了本在前行的节气,"凝露"也"助虐"似的让"茂草思朱夏""长林悲素秋",再传来征雁哀鸣、蟋蟀悲吟、寒蝉夕号,气候凉了,人心也凉了!

孔颖达《礼记正义》"疏"云:"九月之时,收缩万物者,是露为霜也。"凉秋就是尚余温馨的露水变成了颇为冰凉的白霜,这令本有几分豁达豪气的白居易都不免感叹"霜蓬旧鬓三分白,露菊新花一半黄"(《九月八日酬皇甫十见赠》),本来在凉秋时节,能够看到有"一半黄"的新开的菊花,是一件值得高兴的事情,但人如落叶、好友不在,本已"三分白"鬓发又会随霜一般增白!凉秋就总是这样凉着!这样的感触白居易有,自唐以后不少人也都有,如李绅"江树送秋黄叶少,海天迎远碧云重",后唐李煜"晚雨秋阴酒乍醒,感时心绪杳难平。黄花冷落不成艳,红叶飕飗竞鼓声",宋代俞德邻"冷雨凄风万木飞,年来世事不胜悲",宋代周密"千花翻红上凉叶,万宝吹香落金雪",元代吾丘衍"铅花飞霜满枯草,摇落风来楚山老"……

在这样的凉秋九月中次第发生的六候是:鸿雁来宾、雀入大水为蛤、菊有黄华、豺乃祭兽、草木黄落、蛰虫咸俯。

宾雁秋杪

四十九候鸿雁来宾（次南下）

花信：鳌豆

"八月雁门开，雁儿脚下带霜来"，雁不负候鸟之名，首批于八月初候带着白露（初霜）南下，一个月后即秋天的最后一月（"秋杪"），在更冷点的寒露催促下，还在繁殖地的雁再次南迁。这次迁飞南下，为了区分八月的"鸿雁来"，这一候的名称多了个"宾"字，即"鸿雁来宾"。古人对"鸿雁来宾"理解却不太一致：东汉高诱注《吕氏春秋·季秋纪》认为这两批雁都是从北漠南下的，八月南下的是健壮的成年雁，本月南下的是羽翼稚弱的未成年雁，是前面雁的子女，因为需要近一个月时间练习好羽翼，所以晚来而成为"宾"；孔颖达《礼记正义·月令》认为八月的雁是过客，九月的雁则是在物候记录地越冬不再南下的雁（即"客止未去也"）；陈澔《礼记集说》认为雁在北漠繁殖，"以北为乡"，南下来到中国（这里主要指中原），就好像人到异地为客（"其在中国也，若来为宾客然"）；吴澄认为"以仲秋先至者为主，季秋后至者为宾"……这些理解都有一定的合理性，但也都有一定的局限性。因为雁重情重义，在迁飞时都是一个地方统一出征，不会丢下幼雁和体弱的雁，在途中会把这些雁大多安排在队伍的中间，以便照顾和保护，而且雌雁雄雁都是"生死相许"、从一而终的；相对来说，雁的南迁，只要不作"客止"，就都是"过客"，无论居止何处都是"宾客"（古人有"宾雁"或"雁宾"之称）。大致而言，如果以河南洛阳为观测记录点，雁的首次或再次南下，主要是以离洛阳距离的远近为依据的（当然还有繁殖、抚养期的早晚），在西伯利亚越冬的雁就要比在东北越冬的雁晚到洛阳。雁两次南下相隔的时间也非一整月30天，河北山海关两次相隔的时间是23天，山东聊城是28天，黑龙江牡丹江是34天。

九月纳火。大火，心星也，故九月授衣。

《夏小正》

宋·夏圭（传）《月令图·鸿雁来宾》

雁再次南下的大致情形是：从青海湖出发经安康鸿雁渚、武汉东湖，"客止"洞庭湖、鄱阳湖，明代谢榛有"秋水晴分鸿雁渚，晓霜寒动菊花天"之句赞美鸿雁渚；从黑龙江虎林、鸡西、牡丹江、扎龙自然保护区经吉林白城大安莲花泡仙鹤大雁风景区、长春农安，或东南到延边敦化雁鸣湖，或再南下经河北秦皇岛、山海关，又分两路，小部分东南到山东聊城、德州，大部分继续南下经邯郸、洛阳，有一部分东南到安徽太平湖，再南下"客止"浙江温州雁荡山或宁波东钱湖，主体部分南下武汉后，也"客止"洞庭湖、鄱阳湖；还有从新疆石河子、博斯腾湖、阿勒泰乌伦古湖等地出发，经四川江油雁门镇、汶川县雁门乡，到四川云南交界的泸沽湖越冬。清代谢秉肃就有诗描述道："浦寒猿啸月，汀冷雁鸣秋。"（《泸湖三岛》）

鼊豆

"鸿雁来宾"的花信是鼊豆。鼊豆别名刺毛鼊豆、狗爪豆、龙爪鼊豆、狗瓜豆、龙爪豆、猫豆等，为是豆科鼊豆属一年生缠绕藤本植物。它是喜温暖湿润气候的短日照植物，对土壤要求不严，多生长在裸露石山、石缝以及石山坡底的砾石层中，有极强的耐旱、耐瘠薄性，因而南北地区都有，但以广东、海南、广西、四川、贵州、湖北和台湾等省区为主。明代徐光启《农政全书》对鼊豆有简要的考证："一名山豌豆，生密县山野中，苗高尺许，其茎宛面剑，脊叶似竹叶而齐短，两两对生，开淡紫花，结小角儿，其豆扁如豆，味甜。"

鼊豆花色多样，果色也有变化，也可供观赏。它含有较多的淀粉、各种维生素等营养元素，营养价值高，经水煮或水中浸泡一昼夜后，既可煮食，又是食品工业的优良添加剂。它的豆壳、豆叶、豆藤蔓和豆籽都含有丰富的粗脂肪和粗蛋白，是上乘的家畜粗饲料，也可作绿肥。从鼊豆中提取的左旋多巴，是制作治疗老年痴呆症药物的重要原料之一。

"雀入大水为蛤"是真的吗？古代的历法书除了《吕氏春秋》外，《夏小正》《逸周书》《礼记》等，都是这么记载的，相传左丘明作《国语·晋语九》也有这样清楚的记述："赵简子叹曰：'雀入于海为蛤，雉入于淮为蜃。鼋、鼍、鱼、鳖，莫不能化，唯人不能。哀夫！'"赵简子（？—前476年）生活虽晚于《夏小正》，但早于《逸周书》，这种观念显然在春秋战国时期就得到公认，后来的一些科学著作如三国吴丹阳太守沈莹的《临海水土异物志》、清代学者陈元龙的《格致镜原》都认为"南海有黄雀鱼，（黄雀）十月入海化为鱼"等，都属于同一类，就是古人的"化生说"。

虽然如此，但是面对这个物候始终没有令人信服的解释，清代马国翰说得很明白："雀翎看竟入，蛤壳问谁为？海底搔头拟，云中拊髀思。"（《雀入大水为蛤诗》）无论是到海边仔细考察摸头推拟，还是面对宾雀所来的云天拍着大腿追问，还是弄不明白这到底是怎么变化的！比马国翰早几十年的著名博物学家聂璜对这种"化生"则是信疑参半，他相信事物间可以化生，承认物质不灭，但是他质疑："雀体大而蛤体小，焉得以蛤尽雀之量？"（《海错图·瓦雀变花蛤》）雀比花蛤大多了，按照物质守恒定律，这是不可能的！为此他特意到福建访问了93岁的谢若翁，谢若翁告诉他说亲眼见过：麻雀群飞到滩涂，一头扎在泥里死去，羽毛和骨肉散开，变成无数小花蛤，一只雀能化成数十百花蛤，并非一雀变一蛤！这只是老人复述的一个传说而已！如"鹰化为鸠"所说，"雀入大水为蛤"的"为"是"不再复本形"的"为"，是两种物种之间的此来彼往或物种间呈现的交替变化。雀是指"栖宿檐瓦之间，驯近阶除之际"的小雀，因它的居处和活动场所，便有瓦雀、琉雀、家雀、老

雀化秋深

五十候雀入大水为蛤

花信：毛蕊铁线莲

宋·夏圭（传）《月令图·雀入大水为蛤》

家贼、禾雀和宾雀、嘉宾、照夜、禾雀、麻谷、南麻雀的别称，是中国五种麻雀之一、我们平时常见的树麻雀，即通常所说的麻雀。当代博物学者张辰亮比较科学地解答了产生麻雀变成花蛤这种错觉的一些因素：一、雀鸟确实会在海边群集，或洗澡，或觅食；二、死在滩涂上的雀鸟，会被海浪打散身体；三、鸟尸有丰富的有机质，沙中的花蛤会探知到，从而聚集到鸟尸周围，看上去会误以为一只鸟化成了好多小蛤。

所以，目前比较认同的结论是：深秋时节，田间谷物收尽，麻雀便会到水边嬉水、觅食，而此时正是花蛤繁殖时期，麻雀的羽色和花蛤的花纹斑驳差不多，常交错出现，才引发了物候观察的幻觉，从而提出"雀入大水为蛤"的说法。

毛蕊铁线莲

爱他名状青莲似
一线春愁万障空

"雀入大水为蛤"的花信是毛蕊铁线莲。毛蕊铁线莲别名丝瓜花、刺绣花、大母猪藤、过山龙、毛蕊发汗藤、木通、土木通、线木通、小木通，属多年生草质藤本花卉，是我国毛茛科铁线莲属分布最广的种类之一，南起珠江流域、北达黄河流域各省的沟边、山坡荒地及灌丛中，都有生长。王象晋《群芳谱·铁线莲》解释了铁线莲的形态特征和命名由来："花叶俱似西番花，心黑如铁线。"其须根红褐色密集，茎攀缘圆柱形，羽状复叶；花白色或淡黄色，倒卵圆形或匙形。清代文学家彭孙遹特别喜爱，有多首诗给予赞美，其中一首是："卵色垂天夏景融，疏篱曲折引芳丛。扶持不弃孤生质，劲直还由大冶功。惨绿山窗檐铁影，蔚蓝禅榻鬓丝风。爱他名状青莲似，一线春愁万障空。"（《铁线莲》）由夏入秋之际，毛蕊铁线莲在"疏篱曲折"攀缘，一旦入秋，它就苞蕾绽放，形成了"芳丛"。

毛蕊铁线莲可用木条、竹材等搭架，让新生的茎蔓缠绕其上生长，构成塔状；也可栽培于绿廊支柱附近，让其攀附生长；也可布置在稀疏的灌木篱笆中，任其攀爬在灌木篱笆上，将灌木绿篱变成花篱，还可布置于墙垣、棚架、阳台、门廊等处，点缀添色，都显得格外优雅别致。它还具有良好的药用价值，有祛瘀、利尿、解毒之功效。

继桃花（桃始华）、桐花（桐始华）之后，菊花就是七十二候的第三花了——"菊有黄华"！然而，菊花与桃花、桐花有所不同，戴圣《礼记·月令》有具体记述："以万物皆华于阳，独鞠（即菊花）华于阴而已。故特言有桃华之红、桐华之白，皆不言其色。独鞠言其色，而曰黄者以华于阴中，其色正应阴之盛故也。"一是桃花、桐花等都是在"阳"时（即温暖之时）开放，可菊花则是在"阴"时（即清凉之时）开放，古人认为是阴阳关系，但主要是由植物的生长特性决定的。菊花喜凉，较耐寒，适宜于 18—20 摄氏度环境下生长，花期则需要在 13—17 摄氏度之间。菊花"曰黄"，这是菊花"色正应阴之盛故"，在《周易》卦学中，九月是剥卦（☶），卦象是上艮下坤或上山下地，属于五阴之卦，所以说阴盛，吴澄的《集解》在肯定了阴盛的基础上又补了一个五行的解释："草木皆华于阳，独菊华于阴，故言有桃桐之华皆不言色，而独菊言者，其色正应季秋土旺之时也。"说菊花不仅应了阴盛，还应了"季秋土旺之时"，在八百多年以前能有这样的认识和解释，是非常不错的了。

自北宋初刘蒙作《菊谱》以后，再作"菊谱"的代不乏人，如范成大、史铸、黄省曾、陈谋善等，所录菊花品种也不断增加，从刘蒙的二十六种，到清末计楠的《菊说》就载有菊花品种达二百三十三个，可是到了现代，菊科成为被子植物的最大科之一，多达一千属，广布于全世界，主产温带地区。我国有两百余属两千多种，产于全国各地，其中十七属为我国特有属。菊花种类很多，种植的地域也十分广泛，那"菊有黄华"是哪一类或者哪一品类呢？菊花品类

闲赋秋菊

五十一候菊有黄华

花信：紫菊

取枸杞子浸酒饮，令人耐老。

《四时纂》

的划分大致是按叶形、瓣形、花色、花径和花期来区分的，"菊有黄华"的"黄"就是突出花色，作为物候只能按花期尤其是首开的时间，按花期可分为三类：夏菊，又名五九菊，在每年农历五月及九月各开花一次，现今利用保护设施栽培可在公历5月及10月各开花一次；秋菊，花期有早、晚之分，早期秋菊为中型菊，花在八月中下旬开放，晚期秋菊为大型菊，花在9、10月之际开放，是栽培最普遍的秋菊；寒菊，又称冬菊，花期自11月至翌年1月。可见"菊有黄华"就是指开黄色花的秋菊。

三国魏钟会《菊花赋并序》也足以证明"菊有黄华"就是开黄色花的秋菊。《序》称菊有五美，其花色是"纯黄不杂，后土色也"，其开放时间是"冒霜吐颖，象劲直也"；赋文赞其花"芳实离离，晖藻煌煌"，赞其开放的时机"何秋菊之可奇兮，独华茂乎凝霜"。钟会之后至唐，成公绥的《菊颂》、潘岳的《秋菊赋》、杨炯《庭菊赋》等，都对秋菊予以赞美。诗对秋菊的赞美更早，战国杰出诗人屈原《离骚》就有"朝饮木兰之坠露兮，夕餐秋菊之落英"。人们认为餐食秋菊可以修身养性、长生不老，这就成为古代人的生活追求，如"隐逸之宗"陶渊明，也是"秋菊有佳色，裛露掇其英"（《饮酒》）；还有赏菊、饮酒等古代重阳节的标配。南朝梁沈约《歌白帝辞》、宋代李流谦《峡中重九以菊有黄华分韵得菊字》、元代曹伯启《沁园春·用中丞敬相谢承卿送菊韵》吟咏"菊有黄华"也近似；清乾隆帝更对秋菊情有独钟，有好几首诗赞述秋菊，名句有"菊有黄华幽傍砌，桂馀金粟馥喷筵""菊有黄华迎籁馥，枫多丹叶缀霜鲜"。正因为如此，明代程羽文在《花历》中将秋菊推为九月的名花，明代袁宏道《瓶史》中直接把秋菊尊为九月的花盟主。

紫菊

紫菊披风碎晓霞
年年霜晚赏奇葩

"菊有黄华"的花信就是菊花园里的紫菊。刘蒙《菊谱·紫菊》："紫菊一名孩儿菊。花如紫茸，丛苗细碎，微有菊香。或云即泽兰也，以其与菊同时，又常及重九。"紫菊并非泽兰，是菊科紫菊属植物，其花形为舌状小花，花色紫红。

紫菊属按开花先后次第有长叶紫菊、细梗紫菊、黑花紫菊、三花紫菊、多裂紫菊、全叶紫菊、金佛山紫菊、南川紫菊、菱叶紫菊、云南紫菊、峨眉紫菊、台湾紫菊等十二个品种。除了长叶紫菊、细梗紫菊是夏菊外，其余全部是秋菊。

紫菊具有欣赏价值，请读宋代韩琦的《和崔象之紫菊》诗："紫菊披风碎晓霞，年年霜晚赏奇葩。嘉名自合开仙府，丽色何妨夺锦砂。雨径萧疏凌藓晕，露丛芬馥敌兰芽。孤标只取当筵重，不似寻常泛酒花。"它是霜晚时期的奇葩，艳胜锦砂，芬馥敌兰，独立孤标，令人肃然起敬！

"豺乃祭兽"这是七十二候的第三祭，也是最后一祭，这一祭与聊献春祠的"獭祭鱼"不同，却与鹰扬秋祭的"鹰乃祭鸟"相似。豺几乎遍布全国，先秦时期就已经引起了人们的广泛关注。宋代博物学家罗愿在《尔雅翼·豺》中介绍豺的形象是："豺似狗，牙如锥，足前矮后高，而长尾，其色黄，瘦健。"介绍简要明确，豺外形像狼而小，耳朵比狼的短而圆，毛大部棕红色；性凶猛，常成群围攻鹿、牛、羊等猎物，所以为"豺狼虎豹"之首。

罗愿对"祭"的解释是："先儒以为祭与戮（是）禽兽皆杀之，但兽杀而陈之，禽则杀之而已，不以为祭。又禽兽初得者皆杀而祭之，后得者杀而不祭。详戮禽之文，在祭兽

宋·夏圭（传）《月令图·豺乃祭兽》

豺行秋猎

花信：枇杷

五十二候豺乃祭兽

是月九日，
采茱萸插头鬓，
避恶气而御初寒。

《风土记》

之后，则是当祭之时择大兽而祭之，后乃杀戮余禽而食之。"这包括豺捕食禽兽的三种"祭"：禽兽都捕杀，但食用的时候食兽祭而食禽则不祭，这是一；二是开始捕杀禽兽为祭，后面的则不祭；第三种是开始祭的时候选用大的兽祭，小的兽和禽就自食，此后再捕杀禽兽就不祭了。罗愿无法摆脱儒家的理义，但豺是一种凶猛的肉食类野兽，而且是位居四凶兽之首。它的捕杀方式是典型的群起而攻之，无论遭遇什么样的动物，都无所畏惧，当遇到一只猎物时，其中一头豺就会尽量拖住猎物，不给猎物逃亡的机会，而其他的豺就趁机迅速从两侧包抄，猎物一下子就陷入了围攻，靠近其尾部的豺就会乘机跳上猎物的背部，然后用带有倒刺的利爪掏出猎物的肠子，当猎物负痛亡命狂奔时，被掏出来的肠子会夹挂在树枝上，肚空血尽而毙命时，豺便一拥而上，抢拖撕咬，不一会儿就将猎物吃得干干净净。这样血腥残忍的捕杀，哪里还来得及讲礼义而"以兽而祭天，报本也"（吴澄《月令七十二候集解》），或"雨露方濡，豺知追慕。四面陈解，群行分胙"（清·叶志诜《豺乃祭兽赞》）呢！清延清《豺乃祭兽诗》也很明白这个道理："不共狼当道，翻同马作斋。千头新抟噬，四面巧安排。类讵腥膻择，恩犹乳哺怀。肉肥多藉草，骨瘦总如柴。方布才堪效，哀嚎事岂乖。从兹田猎举，归脤孝能谐。"

萧秋七月是鹰追杀禽兽的日子，凉秋九月就是豺捕杀兽禽的日子，生物进化如此，时节递进也如此！

枇杷

击碎珊瑚小作珠
铸成金弹蜜相扶

"豺乃祭兽"的花信是枇杷。枇杷又名卢橘、金丸，是蔷薇科枇杷属果木。苏颂《本草图经》介绍枇杷说："旧不著所出州土。今襄、汉、吴、蜀、闽、岭，江西南、湖南北皆有之。木高丈余，肥枝长叶，大如驴耳，背有黄毛，阴密、婆娑、可爱。四时不凋，盛冬开白花，至三四月成实，作梂生大如弹丸，熟时色如黄杏，微有毛。皮肉甚薄，核大如茅栗，黄褐色。四月采叶，暴干用。"枇杷原产于西北、西南、华中及东部、南部沿海地区，花期早则在农历九月，果期在农历五月。南朝宋谢瞻《安成郡庭枇杷树赋》："禀金秋之清条，抱东阳之和煦。肇寒葩于结霜，承炎果乎纤露。"金秋、结霜为"葩"（即"花"）期，"炎果"则表明果期在炎夏五月。唐代羊士谔《枇杷花》诗也肯定花期在九月："珍树寒始花，氤氲九秋月。"现代广州、上海、芜湖、厦门物候记录的花期，都是在九月开始。宋初名诗人梅尧臣有"五月枇杷实，青青味尚酸"和"五月枇杷黄似橘"之句，肯定了枇杷果期在五月。

枇杷是美丽的观赏树木，树姿优美，花、果色泽艳丽。宋代宋祁诗云："有果产西裔，作花凌岁寒。树繁碧玉叶，柯叠黄金丸。上都不可寄，咀味独长叹。"又是馋人的果树。果肉柔软多汁，风味鲜美，且在仲夏成熟，正在鲜果淡季，除鲜食外，还可制成罐头、蜜饯、果膏、果酒及饮料等。宋代抗金名臣李纲《德安食枇杷》诗，记述了他鲜吃的感受："芳津流齿颊，核细肌丰温。谁为黄金弹，偏宜白玉樽。"它的叶和果都可以入药，具有润肺、止咳、健胃、清热的功效。

枇杷木材呈红棕色，可作木梳、手杖、农具柄等用。

历时两百多天，草木由渐苞春月到木成秋箨（tuò，本是脆弱易掉落之物，这里指秋天发黄而易脱落树叶），物候从"草木萌动"到"草木黄落"，这既是生物的生命衍化，也是时序的循环递进！

"草木黄落"就是地上的小草枯萎泛黄了，树上的叶片变黄飘落了。如果文艺一点就是："草木秋零落，乾声踏处闻。白乘霜缟缟，黄坠叶纷纷。"（清·马国翰《草木黄落诗》）一到深秋，草地就开始枯萎散乱，又被缟缟（gǎogǎo，冰白）的白霜覆盖着，人脚所踏的地方都发出清脆的响声，眼前坠落的黄树叶还在纷纷扬扬地飘落……"草木秋零落"远非它自身的这些，清叶志诜《草木黄落赞》："草疏撼撼，木下萧萧。轻尘栖弱，寒色零飘。云飞陇首，风折山腰。"秋风一来，除了听到枯疏的小草发出撼撼（sè sè，象声词）之声和落下的树叶也传出萧萧之音外，还看到轻尘无意地落栖在纤草弱枝上，寒色有意地漂浮在空间，凉云在陇首弥漫，凄风在山腰折腾……草木黄落使自然界呈现一片萧条凄凉，也给人染上了浓浓的"悲秋"情愫，战国宋玉，魏晋何瑾，隋炀帝杨广，唐杜甫、卢殷等，宋晁说之、杨冠卿、王令、白玉蟾、陆游等，元黄镇成，明谢铎、祝枝山等，清丘逢甲、戴亨等，都抒发了"草木摇落而变衰"的幽婉悲情。

对于"草木黄落"和"悲秋"参得最为透彻的是清代江湜，他说："物生大化中，伸屈天所与。草木不怨凋，黄落应节序。阴虫尔何感，戚戚如私语。天寒入苦吟，物性有迎距。徒使孤孽魂，感激愁羁旅。蛰藏理固然，幽恨谁怜汝。"（《秋感·其二》）透彻之一——"草木不怨凋，黄落应节序"：同其他生物一样，小草为了过冬而放慢代谢的速

勿食霜下瓜，
冬发翻胃。
勿食葵菜，
令食不消化。

《遵生八笺》

宋·夏圭（传）《月令图·草木黄落》

度，因而叶面枯萎变黄，但它的根基并没有死，到了来年春天重新发芽，长出新的叶子，即所谓"离离原上草，一岁一枯荣。野火烧不尽，春风吹又生"。为了调节自己的体内平衡，很多树都需要落叶，减少水分、养分的损耗，储蓄能量等到条件适宜再重新萌发。"草木黄落"就是"应节序"，也是为了遵循"一岁一枯荣"的生存规律，所以它们"不怨凋"！透彻之二——"物性有迎距"：自然界生物都有自己的本性，所以生物的生存法则是适性，即凡是合乎本性的就要积极迎合，凡是违背本性的就要果断拒绝！这就是道家提倡的也是科学的"顺其自然"法则。透彻之三——"蛰藏理固然"：生物的行藏和人的进退，是合乎物理人情的，本来就如此，不必偏执一端或行藏、进退失所。

"草木黄落"既是可见的物候标志，也是可以认真体悟的哲理。

雪松

青山有雪松当涧

碧落无云鹤出笼

"草木黄落"的花信是雪松。雪松又名香柏、喜马拉雅雪松、喜马拉雅杉，为松科雪松属常绿大乔木。原产于我国西藏，它喜阳光充足、湿润凉爽、土层深厚而排水良好的环境，也能在黏重黄土、瘠薄地、多石砾地、岩石裸露地以及酸性土、微碱性土生长，因而目前几乎全国各地均有栽培。它主干挺直，壮丽雄伟，侧枝平展，姿态优美，树皮灰褐色，老年裂成鳞片状剥落，更显古老苍劲；叶为针状，蓝绿色或灰绿色，幼时有白粉，幼叶多呈白色，远远望去，如雪盖松枝，姑名"雪松"。雪松雌雄异株，少有同株，花球单生枝顶，雄球花近黄色，雌球花初紫红色，后转淡绿色。

雪松按针叶生长情况分为厚叶雪松、垂枝雪松、翘枝雪松，按颜色情况分为绿叶雪松（即普通雪松）、银叶雪松、金叶雪松。它树姿多样，树冠壮丽，有尖塔形、宽塔形，色彩错杂，绿叶、银叶、金叶交相辉映，故有"风景树皇后"的美称，广泛栽植于公园、街道等地。近代诗人朱帆《谒南京中山陵》诗有"弥天紫气依稀在，匝地黄花分外馨"之句，雪松被紫气、黄花烘托得格外圣洁高雅。当代词家张晓虹对雪松情有独钟："与君约就，待雁衔霜月，片鳞红透。笃向穹空，抖落一襟星豆。谁厮守，这般情，翌年开否？"（《扫花游·见雪松花开》）

雪松材质优良，纹理致密，有油脂和强烈芳香，抗腐性强，可供建筑、桥梁、铁道枕木和家具用良材；油脂可提炼为轻工业原料，本种针油中发现有一个倍半萜二醇及其异构体，可供药用。其抗烟害能力较差，对二氧化硫等有害气体比较敏感，可作为大气监测植物。

虫蛰秋居

一个多月的时间过去了，坏户的蛰虫又发生什么变化？那就是由"坏户"到"咸俯"。孔颖达《礼记正义·月令》"疏"的具体解释为："前月但藏而坏户，至此月既寒，故垂头向下以随阳气，阳气稍沉在下也。而又涂塞其户穴，以避地上阴杀之气也。"由于暖气下沉，冷气横行，气温的普遍下降（请看凉秋引言），原本"坏户"的蛰虫难以抵御这等阴寒，于是，赶紧将洞穴进出的通道封闭，逐渐进入冬眠。这个道理，古人早已明白：魏晋佚名的《玄冥》诗："玄冥陵阴，蛰虫盖藏。草木零落，抵冬降霜。"寒露、严霜接踵而至，"草木零落""蛰虫盖藏"相继呈现。明代夏原吉《冬日闻蛙》诗："蓐收已回辕，玄冥正司令。草木尽

五十四候蛰虫咸俯

花信：墨兰

宋·夏圭（传）《月令图·蛰虫咸俯》

孙真人曰：
是月阳气已衰，
阴气大盛，暴风时起，
切忌贼邪之风以伤孔隙。
勿冒风邪，无恣醉饱。
宜减苦增甘，补肝益肾，
助脾胃，养元和。

《遵生八笺》

黄落，蛰虫俯而静。"秋神蓐收刚刚离任，冬神玄冥就要开始发号施令了，所以物候的传递就是"草木尽黄落，蛰虫俯而静"。清代张令仪的《玄冥》诗也表达了同样的意思："北户乃墐，凝阴沍寒。"阴气凝聚，寒气冻结，迫使人赶紧修缮门户，将北向的窗户堵住，这时"草木既胎，蛰虫咸伏"。所有穴居的蛰虫都蛰伏在洞穴里，静候春暖和春雷。

蛰虫具有喜温、喜湿、喜暗、喜安静、怕光、怕盐、怕辣、穴居性、运动比较缓慢等特性。这是"咸俯"的重要因素。一般来说，穴居动物在前一个月就开始缩小洞穴和进出口，到了本月就会自觉地待在洞穴内，等待来年的惊蛰。常见的如蟾蜍，集群在水底泥沙内或陆地潮湿土壤下越冬，并且停止进食；松鼠则用干草把洞封起来，抱着毛茸茸的长尾取暖，开始冬眠，等到天气暖和后再出来。另外还有蛇、青蛙，它们活动最佳的气温是10—20摄氏度时，所以到了秋冬之际，就需要冬眠。《白虎通·八风》在讨论"八风"时说："不周风至蛰虫匿，广莫风至则万物伏。"凉秋九月，北风增多，让外面的人感到深深的寒意，长江以北地区与"蛰虫咸俯"相应的农谚是："霜降结冰又结霜，抓紧秋翻蓄好墒（shāng），防冻日消灌冬水，脱粒晒谷修粮仓。""蛰虫咸俯"的时候，凉露转为寒霜，不久就会结冰了，所以要抓紧翻好田土，挖好垄沟，做好防冻消灌的工作，尤其是眼下需要晒干谷物，修好仓廪。

墨兰

空香总逐寒霜尽
不比西风落叶愁

　　"蛰虫咸俯"的花信是墨兰。墨兰又名国兰、拜岁兰、报岁兰，为兰科兰属多年地生草本植物。陈心启、吉占和编著的《中国兰花全书》墨兰条记述："墨兰又称报岁兰，也是中国传统观赏的兰花，早在南宋就有品种的记载。"它的假鳞茎卵球形，叶带形，近薄革质，暗绿色，有光泽；花的色泽变化较大，较常为暗紫色或紫褐色而具浅色唇瓣，也有黄绿色、桃红色或白色的，一般有较浓的香气。

　　宋末元初诗人方回《题沈伯隽所藏赵子昂墨兰序》曰："今之墨兰，山谷之所谓兰也"，"古之兰，根枝叶花皆香，一树而千万蕊"，"今八九月开，与菊同时"，"十二月、正月开，若萧、若蓬、若艾"，"屈子之兰耳。然山谷之兰，盛行近世"。所以墨兰的物候花期是九月。但在南方，它晚至公历1月才开放，因而有"报岁兰"和"入岁兰"之称，而且除了用它装点室内环境外，还作为馈赠亲朋的主要礼仪盆花，给即将到来的立春节气和新春佳节以喜气的预热；它的花枝也用于插花观赏，通常以墨兰为主材，配上杜鹃、麻叶绣球、紫珠、八仙花、糠稷，便能展示出一幅充满活力的鲜花画面。宋代名画家赵孟坚以画墨兰著称，"其叶如铁，花茎亦作石，用笔轻拂如飞白书"，深得元柯九思、邓文原、蔡景傅，明初宗衍、张昱等赞赏，被誉为"最得其妙"！明代王恭七绝赞墨兰道："金薤琳琅九畹秋，湘皋环佩为谁留。空香总逐寒霜尽，不比西风落叶愁。"（《墨兰·其三》）

天街霜露感秋冬 玄冬十月六候

凉秋九月的凉飕飕吹出的新月份，会是什么样的呢？明代倪岳的名句"天街霜露感秋冬"可以为答，人们通过霜露转为冰冻的变化，来真切地感受秋冬的变化，即由凉飕飕到寒颤颤，在气象上就是水始冰、地始冻、天气上腾地气下降、闭塞而成冬的连续形成并登场。

为何霜露会从十月开始结冰变寒呢？古人的探索及其回答还是蛮多的：以阴阳八卦为论的说："剥尽而坤复，则一阳生也。"（朱熹《诗集传》）从九月到十月就是由剥卦（䷖）到坤卦（䷁），剥卦卦象是上艮下坤，坤卦则上下都是坤，卦爻也就由五阴到六阴，以阴阳表冷暖，十月就是冷天的开始。以天干地支论："十月得癸，则曰极阳。"（宋·邢昺《尔雅疏》）古人运用天干推五运而推测气候，总体规则：甲己化土，乙庚化金，丙辛化水，丁壬化木，戊癸化火。处于癸的十月表面看似"极阳"，可是能够化火的是水，而且加阴阳到天干，也就是奇数为阳，偶数为阴，癸为天干第十位，属阴，因而癸月就是很冷的时候。以医学而论："阴气始冰，地气始闭，人气在心。"（《素问·诊要经终论》）阴阳、八卦、天干都肯定十月为阴，天气下降，水凝为冰，地上暖气被封闭，所以寒冷，因而人们需要温养神气和中气。以音乐而论："应钟之月，阴阳不通，闭而为冬。"（《吕氏春秋·季夏纪》）颜师古说，十月的管乐名为应钟，"应和阳功收而聚之也"，十月为亥月，"时阴气劲杀万物也"（《汉书·乐志》注），"阴气劲杀万物"就是阴冷。历史学家的综论说在肯定前面的基础上，补充了风："不周风居西北，主杀生。"气候的阴冷当然就少不了西北风的助纣为虐。

我们今天读到这些对气候变冷的解说，或觉得玄乎，或不以为然。但其总的判断无疑是对的！从"悲哉，秋之为气也！萧瑟兮草木摇落而变衰"的秋到冬，就是一个走向更冷的转变。"冬"字，《说文解字》称："冬，四时尽也。从仌、从夊。"仌（bīng）就是"象水凝之形"；夊（zhǐ）就是"象人两胫"靠在一起；冬，就是冰冷得让人紧抱身躯还瑟瑟发抖的天气！十月在凉秋九月的基础上，日均温再度下降。汉末曹操《冬十月》诗："孟冬十月，北风徘徊。天气肃清，繁霜霏霏。鹍鸡晨鸣，鸿雁南飞。鸷鸟潜藏，熊罴窟栖。钱镈停置，农收积场。逆旅整设，以通贾商。"北风繁霜开启了冷冻的步伐……

玄色的初冬十月，次第发生的六候是：水始冰、地始冻、雉入大水为蜃、虹藏不见、天气上腾地气下降、闭塞而成冬。

水寒冬冰

五十五候水始冰

花信：迷迭香

入冬第一候就是"水始冰"！"水始冰"首先就是水如何成为冰？元代陈灏引用严陵方氏的话说："冰即水也。水以阳释，冰以阴凝，故也。冻，盖地气闭而阳不能熙故也。孟冬者，重阴之始，故言水始冰，地始冻焉。"冰就是水，只不过呈现出两种不同形态而已：当水在温度处于0摄氏度的时候，它就会凝结而成冰，所以，我们通常称0摄氏度为"冰点"，温度由0摄氏度再不断下降，那么冰也就会不断坚硬，但如果温度不断地上升，那么冰就会不断地消融，因此水就是液态，冰就是固态。冰字字形的变化也很好地说明了这一点：在"水"字右边加"冫"（shuǐ）就成了"泳"，这是薄冰；在"水"字右边加"冫"（bīng）就成为

宋·夏圭（传）《月令图·水始冰》

冬月夜卧，

叩齿三十六通，

呼肾神名以安肾脏，

晨起亦然。

《云笈七签》

"冰"，是成冰；在"水"字右边加"丶"（zhǔ）就成了"冰"，这就是坚冰了。水点逐渐减少，并也就越来越坚硬，造字法就是象形兼会意，这就是古人的智慧。

我们由此还可以得之，冰既然是水处于 0 摄氏度时的产物，那么"水始冰"也就是水不断趋于气温 0 摄氏度的过程，从七十二物候看，这个过程就始于霜降"蛰虫咸俯"之后。

唐代陆环是这样描述"水始冰"的："润下之性，有时可凝；暑归寒集，阳闭阴升。吹寒风之远派，蹙冻雨而成冰；俾巨海以息浪，胡涓波之足征。北陆阴涸，寒泉井洌；天吴外抟，灵胥自结；含贞抱虚，既莹且澈。断流而稜稜剑威，照日而片片霜切。"（《水始冰赋》）具有湿润趋低本性的水在一定的时间和条件下就会凝结的：通常是暑热的时候就回归，阴冷的时候就聚集；被寒风吹起的远水，紧缩为冻雨再凝结为冰；北陆阴气将涸，泉井寒水凛洌；此时即便是大海大浪平息，只剩下涓涓微波；水神天吴向外抟聚，涛神灵胥则自我凝结；蕴含贞德，怀抱虚静，新成的薄冰既晶莹又澄澈；即将断流的溪河，犹如阴森森的利剑；日光下的薄冰，犹如一块块霜切片……陆环立足于"始"，展示了水开始接近 0 摄氏度的方方面面。

迷迭香

承灵露以润根兮
嘉日月而敷荣

"水始冰"的花信是迷迭香。迷迭香别名艾菊、海洋之露，为双子叶植物纲唇形科迷迭香属多年生的亚灌木。它主茎高达2米，叶常在枝上丛生，叶片草质，线形，花冠蓝紫色。

迷迭香就是香，汉乐府就把它与艾纳香、都梁香并列为三大香，是一种名贵的天然香料植物，它的茎、叶和花具有宜人的香味，花和嫩枝提取的芳香油，是可用于调配空气清洁剂、香水、香皂等化妆品的原料，并可在饮料、护肤油、生发剂、洗衣膏中使用。宋代洪适禁不住赞美道："鼻观拜嘉况，名香如前闻。尘容方一洗，藻思期三薰。久坐欣有得，飘飘欲陵云。都梁与迷迭，芳馨此其分。"芳馨沁人心脾，令人飘飘欲仙。

迷迭香在生长季节会散发一种清香气味，对人具有镇静安神、醒脑作用。它还具有一定的食用和观赏价值。它在牛排、土豆等料理以及烤制品中经常使用，可使食品带有清甜并具有松木香的气味和风味；其叶灰绿、狭细尖状，叶片散发松树香味，再配上蓝紫色或淡蓝色小花，别具风姿，魏文帝曹丕《迷迭赋》赞叹道："坐中堂以游观兮，览芳草之树庭。重妙叶于纤枝兮，扬修干而结茎。承灵露以润根兮，嘉日月而敷荣。随回风以摇动兮，吐芳气之穆清。薄六夷之秽俗兮，越万里而来征。岂众卉之足方兮，信希世而特生。"推它为希世而特生的名花，集中花卉之美。

"河冰连地冻"，唐代高僧齐己这诗句，说明了"水始冰"和"地始冻"是紧密关联的。这种关联包含了两种情况："水始冰"和"地始冻"是同时出现的，如华北的山西太原都在公历 11 月初，华中的河南洛阳都在公历 11 月末；先后出现的又有两种情形，如华北的河北山海关"水始冰"在公历 12 月初，"地始冻"则在公历 12 月中，这是"水始冰"先而"地始冻"后，但属东北的辽宁沈阳则相反，"地始冻"在公历 10 月末，"水始冰"则晚至公历 11 月初，这就成了"地始冻"先而"水始冰"后了。这种复杂的情况显然直接影响了候应物的物候标识作用，所以有人就提出"水始冰"和"地始冻"完全不能作为立冬时节的物候标

地冻冬孟

五十六候地始冻

花信：板蓝

冬三月，
勿食猪羊等肾。

《金匮要略》

宋·夏圭（传）《月令图·地始冻》

识。这或许太绝对了，如果一定要精确到几天甚至于一天，世界上是没有这种物候标识的。我国的大致情形是，"水始冰"和"地始冻"一般出现在公历10月至12月间，但主要还是出现在11月，除了刚才提到的山西太原、河南洛阳外，新疆乌鲁木齐、内蒙古额济纳、陕西宝鸡、山东聊城和德州、安徽芜湖、江苏扬州等地，也都是出现在11月中，"地始冻"还是可以作为物候参照物的。

为什么会形成"地始冻"？南宋著名学者王应麟在《困学纪闻·卷一》引用了东汉鲁恭王刘余的解答是："阳气潜藏，未得用事，虽煦嘘（xùxū，嘘气使暖和）万物，养其根荄（gāi），而犹盛阴在上，地冻水冰。"时节进入了冬季，阳气潜藏在地下，虽然仍然在地下给万物输送温暖，滋养根基，但无奈地面上阴冷气太盛，所以水面上出现薄冰，地面上出现了拱出的霜冰。这个解答大致是对的。虽然没有使用现代气象学知识，具体讲日照、气温、风向等，但他的"盛阴在上"大概就是这样的意思。吴澄解释"地始冻"的状态是："土气凝寒，未至于坼（chè，裂）。"由于气温在0摄氏度以下，土壤中的水分因天冷而凝冻，连带使得土壤变硬。

明代顾德基《咏地始冻》描述了"地始冻"的前因后果及其状态："广漠长风雨后催，孟冬朔气彻兼垓（gāi）。冰牢地轴舟如系，冻滑鳌蹄块欲颓。想是积阴惟剩海，从教大劫不成灰。今朝吹尽邹生律，寒谷阳和来便回。"孟冬时节，阴雨过后，在朔气北风的吹拂下，广袤的大地寒霜凝聚，除了大海以外，江河也开始冻结，行舟有如系住一般，时节变换如同音律变化一样，周而复始，阴尽阳便来了。

板蓝

一夜繁英都落尽

紫薇不及马蓝花

"地始冻"的花信是板蓝。板蓝又名马蓝、青黛、南板蓝，为中国原产，在《诗经》《尔雅》《唐本草》《本草纲目》等古代文献中，还有蓝、葴、吴蓝、木蓝、淞蓝、蓼蓝、冬蓝、板蓝、甘蓝、蓝淀、蓝菜等名称，中药板蓝根还有靛青根、蓝靛根、大青根等别名，为爵床科板蓝属多年生草本。它为半喜阴植物，生于海拔600—2100米的林下阴湿地，主要分布于华南、西南地区，中部、南部也都有栽培。它高约1米，茎直立或基部外倾，通常成对分枝，叶为椭圆形或卵形，花色有黄、蓝、白、浅红等。

板蓝主要价值是药用。清代孙星衍辑校《神农本草经》、宋寇宗奭《本草衍义》及李时珍《本草纲目》都有详细记载，它的根、叶、花都可以入药。

板蓝还有一定的观赏价值。宋代刘敞曾送王安石板蓝，并作《采蓝寄王深甫》诗一首："采采泽中蓝，制为金翠衣。春风为君舞，婉转有光辉。良辰古易失，丽色世云希。"如果盆栽或者插花，效果也比较理想："折枝皆可添瓶供，贵贱看来有小差。一夜繁英都落尽，紫薇不及马蓝花。"（清·蔡桓《插瓶花有感》）在诗人眼里，板蓝比紫薇更好。

同所有的"蓝"一样，板蓝亦是上等染料，唐代吕温特作《青出蓝》诗对这一实用价值予以肯定，诗曰："物有无穷好，蓝青又出青。朱研方比德，白受始成形。袍袭宜从政，衿垂可问经。当时不采撷，佳色几飘零。"

"雉入大水（或'于淮'）为蜃"，是赵简子拿来与"雀入于海为蛤"等同做类比的近似物候（见《国语·晋语九》），其性质也就是"不再复本形"的"为"，是两种物种之间的此来彼往或物种间呈现的交替变化。但是由于科学的局限、先入为主的"化生"说影响，而且雀为蛤，蛇为雉，雉为鸩，鸠为鹰，田鼠为鴽，腐草为萤，人为虎、为猨、为鱼、为鳖之类，史、书、传记录不绝，尽管"不可以智达"，但还是认为"洪炉变化，物固有之"（唐代牛僧孺、李复言《玄怪录正续》）！吴澄也认为和麻雀变蛤一样，属于"寒风严肃"之时"飞物化为潜物也"一类。

可是也有不少人质疑，明代顾德基说："飞潜变化何穷

宋·夏圭（传）《月令图·雉入大水为蜃》

蜃幻冬潮

五十七候雉入大水为蜃

花信：茶梅

冬月
勿以梨搅热酒饮，
令人头旋，
不可支吾。

《琐碎录》

事，传物张燕识未深。"（《咏雉入大水为蜃》）飞行的动物转变为潜沉的动物并没有穷尽物理，张燕等人在传说物候的时候学识还没有深透！顾德基只是质疑，没有给出自己的答案。清代延清在《雉入大水为蜃诗》中则这样质疑："雉岂能为蜃，如何竟入淮。荒原田漠漠，大泽水湝湝。草谢霜皋覆，花拌雪浪排。"因为清代前人们都认为野鸡所进的大水是淮水或淮海，诗人认为这不可能，淮水湍流"湝湝"作响，浪花排空，更兼霜雪覆盖，整个流域一片荒漠，野鸡怎能入水化为牡蛎？！同时，他还推出了自己的结论："文禽消羽翼，斑蛤幻形骸。"野鸡和牡蛎都有超高的耐热耐寒能力，到了玄冬十月，野鸡和牡蛎都开始进入大量繁殖期，只是原来也在水边出现的野鸡这时候蛰伏在峡谷，人们看到的就只有牡蛎了。所以在冬天寒潮来袭之际，出现野鸡蛰伏和牡蛎兴盛这般带有魔幻剧变化的场景！

可能因为奇特，也就被古人纳入相对科学的物候了。明代王佐有诗曰："雉入水为蜃，难穷变化神。非荣陇山质，要复化来身。"（《鹦鹉杯》）野鸡和牡蛎的潜与隐，只不过是两种物种之间的此来彼往而已。

茶梅

半深半浅东风里
好似徐熙带雪枝

"雉入大水为蜃"的花信是茶梅。茶梅雅称玉茗、海红，为山茶科山茶属常绿灌木或小乔木。茶梅性喜半阴的散射光照，耐阴，适应于温暖湿润的气候环境，中国各地都有，但主要在江苏、浙江、福建、广东等省分布。我国主要产冬茶梅，有悠久的栽培历史，宋代陈景沂《全芳备祖》记载："浅为玉茗深都胜，大曰'山茶'小'海红'，名誉漫多朋援少，年年身在雪霜中。""海红"就是冬茶梅，有宋一代就有刘克庄、张耒、胡宗师、舒岳祥、魏了翁等，都有描写茶梅的诗词，著名的是刘仕亨《咏茶梅花》诗，抒写了它优雅的形象和超逸的气韵："小院犹寒未暖时，海红花发昼迟迟，半深半浅东风里，好似徐熙带雪枝。"明代画家陈道复《茶梅》写了茶梅的小巧玲珑："花开春雪中，态较山茶小。老圃谓茶梅，命名亦端好。"明代高濂《梅花令·茶梅》不仅写了茶梅花的淡粉、微红色，而且写了花形与梅花相似："花却是，与梅浑。"明代张谦德《瓶花谱》将茶梅列为"六品四命"。

冬茶梅植株比较低矮，枝条伸展，花色以玫瑰红为主，少数复色，不少品种有香味，姿态丰盈，花朵瑰丽，着花量多，是冬季重要的观赏性花灌木。它可与其他花灌木配植成花坛，可作常绿篱垣材料，开花时可为花篱，落花后又可为绿篱，也可盆栽，摆放于书房、会场、厅堂等处，倍添雅趣和异彩。

冬茶梅的花、种子都富含不饱和脂肪油，可制作成天然的植物油；花期长达四个月，是冬春之际重要的蜜源植物，其蜜鲜美甘甜；花瓣含有多种维生素、蛋白质、脂肪等营养物质，用它制作的化妆品，可以滑嫩肌肤，去除色斑，有很好的美容功效。

清代延清《虹藏不见诗》云："忆自清明近，晴虹宛宛长。每从迎夏见，不谓入冬藏。水镜虚仍照，天弓曲莫张。形看销北陆，指记在东方。黯黯云铺墨，沉沉日漏黄。架桥今息影，流渚昔腾光。海蜃同无有，川霓竟渺茫。"前清明之后阳春下旬、迎夏之时，那一道清晰可见的彩虹，七个月来一直在心头宛然长悬，没有想到会在玄冬十月（北陆是十月雅称）形消韵散，"海蜃同无有，川蜺竟渺茫"，彩虹竟然如同海市蜃楼一般，瞬间消失，"渺茫"难以寻觅，可当初没有说"入冬藏"呀！为什么会"冬藏"？难道是"黯黯云铺墨，沉沉日漏黄"？如墨般的"黯黯云"，令生成彩虹必需的"激日"无力透过云层照射，即便偶尔能透过也是非常微弱的黄光！

"迎冬小雪至，应节晚虹藏。玉气徒成象，星精不散光。"（唐·徐敞《虹藏不见》）由秋入冬不仅失去了"激日"，随之失去了有象"玉气"和不散光的"星精"（金、木、水、火、土五大行星），必需的气温也随之降低。元末明初刘基诗云："未有星辰能好雨，转添云气漫成虹。"（《立冬日作》）彩虹就在无意识中"藏不见"了！

唐代元稹《咏廿四气诗·小雪十月中》诗称："莫怪虹无影，如今小雪时。阴阳依上下，寒暑喜分离。"不要责怪彩虹消失得无影无踪，因为时节到了"小雪时"，而且"阴阳依上下，寒暑喜分离"是不能篡改的自然规律，彩虹遵循自然法则，按照时节先后出现，是值得遵依、值得高兴的！彩虹绣完了阳春的锦缎，到冬天就该高高兴兴地退出。

虹匿冬阴

五十八候虹藏不见

花信：虎尾兰

十月勿食椒，伤血脉。
勿食韭，令人多涕唾。
勿食霜打熟菜，
令人面上无光。

《千金方》

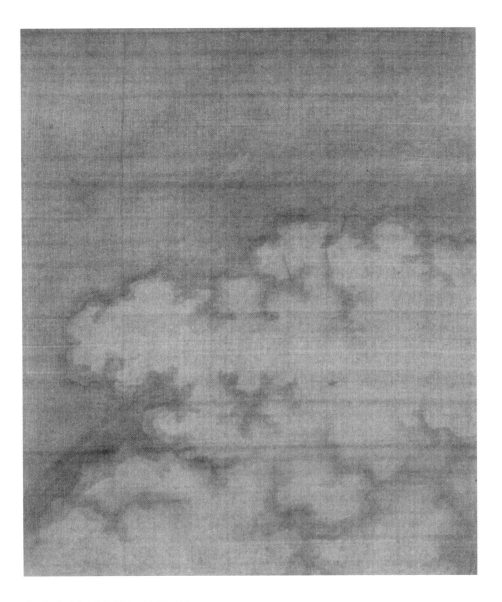

宋·夏圭（传）《月令图·虹藏不见》

虎尾兰

"虹藏不见"的花信是虎尾兰。虎尾兰又名虎皮兰、锦兰、千岁兰、虎尾掌、老虎尾、弓弦麻、花蛇草、黄尾兰或岳母舌等，是百合科虎尾兰属的多年生草本观叶植物。它性喜温暖湿润，耐干旱，喜光又耐阴，更适宜于排水性较好的砂质壤土，其生长适温为 20—30 摄氏度，越冬温度为 10 摄氏度，因而广泛分布于我国各地。它具根状茎，叶基生，肉质线状披针形，硬革质，直立，基部稍呈沟状；暗绿色，两面有浅绿色和深绿相间的横向斑带；总状花序，花白色至淡绿色；浆果直径约 7—8 毫米。

虎尾兰主要价值是药用。据清代赵学敏《陆川本草》，以及《全国中草药汇编》《广西中草药》等记载，以叶入药，全年都可以采用。鲜用或晒干均行，性凉，味酸，具有清热解毒、消炎、去腐生肌的功效。

虎尾兰对净化空气能够起到良好的作用。它可吸收室内部分有害气体，并能有效地清除二氧化硫、氯、乙醚、乙烯、一氧化碳、过氧化氮等有害物，在清理的过程中，吸收二氧化碳并放出氧气，六棵齐腰高的虎尾兰就可以满足一个人的吸氧量。

虎尾兰还具有一定的观赏价值。它的叶片坚挺直立，叶面有灰白和深绿相间的虎尾状横带斑纹，品种较多，株形和叶色变化较大，对环境的适应能力强，是一种坚韧不拔的植物，栽培利用广泛，为常见的家内盆栽观叶植物；适合布置装饰书房、客厅、办公场所，可供较长时间欣赏。

明代王世贞说："天地气不灭，今古递流行。"天地之间的气，尽管肉眼看不到也摸不着，但它们确实存在，而且是没有时间差异地从古到今都在"流行"，因而物候就少不了气。所以，七十二候中就有了"天气上腾地气下降"这一候，现在有人根本不知道这一候的核心是"气"，妄自将"天气上腾地气下降"简作"天腾地降"，天地岂能"腾"能"降"？能"腾"能"降"的，是"气"！天气，不是指较短时间内阴、晴、风、雨、冷、暖等气象要素的综合状况，而是特指在空气流动的大气；地气，也不是人们常说的土地山川所赋的灵气，而是指地表和土壤里的气流。

正如宋英杰先生所说："一年之中的晴雨寒暑，是由阳气和阴气之间的此消彼长、天气和地气之间的亲近或者疏远所造成的。"（《故宫知时节：二十四节气、七十二候》）天空中和地面表里的冷暖气，时时刻刻都在流行，平时一般难以察觉，但是四季分明的区域就相对能够明显地感受到，所有地区也都可以通过晴雨寒暑来感觉。总体而言，我国的四季比较分明，因而古人也早就有了四季的概念，对天气、地气也早就有感觉并有记载，戴圣编辑的《礼记·月令》在这"孟冬之月"天气上腾地气下降之前的"孟春之月"，还有一个这样的记载："天气下降，地气上腾。"很显然，这是一正一反的流行，孟春是"天地和同，草木萌动"，世间万物生机盎然，那么冬季就相反——"天地不通"，万物生机也就索然。当然，这与"水始冰""地始冻"一样，这一候的重点也在"始"，即天之气开始持续向上升腾，地之气开始持续向下降沉。两气不再是在一起的亲密无间、此消彼长了，而是"负气"地相反运动。清代延清在《天气上腾地气下降诗》描写道："地气兼天气，还从十月征。上惟基

阴阳冬藏

五十九候天气上腾地气下降

花信：参薯

孟冬之月，
天地闭藏，水冻地坼。
早卧晚起，必候天晓
使至温畅，无泄大汗，
勿犯冰冻雪积，温养神气，
无令邪气外入。

《遵生八笺》

宋·夏圭（传）《月令图·天气上腾地气下降》

厥下，降乃别乎腾。瑞采三清敛，寒威四野凝。润难施兑泽，坚已肇坤冰。"地气和天气本来一向融洽，可是到了玄冬十月，它们开始发生变化，一上一下，泾渭分明……它们这样的相反运动，竟然使三清上境失去了瑞采，让四野大地凝聚了寒威，再继续下去就会使山峦难以获得润泽，也会开启大地的坚冰固封……

气是难以感觉的，但它变化带来的凝固的寒气、阴森霜冰，人们就一定会感觉到！这也是古人把"天气上腾地气下降"作为物候标识的重要原因。

参薯

凤池春晚绿生烟
曾见高枝蔓正延

"天气上腾地气下降"的花信是参薯。参薯俗名银薯、脚板薯、云饼山药、土栾儿、香参、菜用土䕡（luán）儿、地栗子、香芋、红牙芋等，为薯蓣科、薯蓣属缠绕草质藤本。参薯的叶片一般呈卵形或卵圆形，其块茎多为圆柱形，块茎的为断面大多为白色略带紫色。

参薯具有食用和药用价值。它的块茎不仅可以蒸、煮后直接食用，还可用来加工制作多种菜肴、饮品、罐头、糕点及粥羹等。据清代吴其濬《植物名实图考》和现代《广州植物志》《南宁市药物志》等记载，其块茎入药，名为"毛薯"，部分地区作"淮山药"，或名黎洞薯、大薯、薯子、鸡窝薯等，味甘、微涩，性平；入脾、肺、胃经；具有补气养阴、止泻涩精，兼有补肾固精、解毒敛疮等功效。

由于天之气持续向上升腾，地之气持续向下降沉，天地之气分离的距离越来越远，几天之后，就出现了不交则不通的境地，所以"闭塞而成冬"是既成事实，也是新的一候。

"闭塞而成冬"，这个"冬"的内涵复杂而多：孔颖达《周易正义·说卦传》"疏"说"正北方之卦，斗柄指北，于时为冬，冬时万物闭藏，纳受为劳"；《黄帝内经·素问·四气调神大论》说"冬三月，此为闭藏"，唐代王冰注曰："万物收藏，闭塞而成冬也。"可见，早在先秦，人们就认定正冬核心就是"闭藏"，收取万物，藏到储存处，关闭好门窗，有些还需要塞封，目的是"所以内作民也"（《管子·禁藏》），作为民用物资。但"闭藏"还不是"冬"的全部，《管子·度地》云："当冬三月，天地闭藏，暑雨止，大寒起，万物实熟。利以填塞空郤，缮边城，涂郭术，平度量，正权衡，虚牢狱，实廥（kuài）仓，君修乐，与神明相望。凡一年之事毕矣，举有功，赏贤，罚有罪，颉有司之吏而第之。"冬天暑雨停止而大寒兴起，万物实熟，所以天地间都要闭藏，充实廪仓；接下来就要加强边防建设，核准度量衡，清理案件，注重礼乐教化。最重要的是搞好年终总结、明确奖罚、考核干部并评定等级，为来年发展打好扎实的基础。法家就是求真务实。

"闭塞而成冬"的景象又是怎样的呢？唐代齐映在《冬日可爱赋》中有这样特殊的描述："闭天地成四时者，玄冬。丽乎天明万方者，白日。""闭塞而成冬"景象最亮丽的是"白日"，其亮丽在于："明在地上，望杲杲（gǎogǎo）于扶桑。光摇水中，疑泛泛而萍实。故日出旸谷，众人熙熙。苦寒者，自我而燠若。即幽者，自我而明之。将所鉴而并鉴，故无私而不私。"太阳从旸谷冒出来，在扶桑之巅

绝成冬季

六十候闭塞而成冬

花信：毛瑞香

十月心肺气弱，肾气强盛，
宜减辛苦以养肾气。
毋伤筋骨，勿泄皮肤，
勿妄针灸，以其血涩，
津液不行。
十五日宜静养获吉。

《修养法》

宋·夏圭（传）《月令图·闭塞而成冬》

放射出耀眼的光芒，照亮了大地，照透了水面，给苦寒者以温暖，给黑暗者以光明，给大众以欢欣；太阳"无私而不私"，照耀着它所能照耀的一切！"闭塞而成冬"还有"霜涵冰以凝沍，风落木兮萧飋"，严霜薄冰交相凝结，北风落叶萧瑟凄切；还有"虫豸知寒皆在蛰"，还有"敛迹人如被冻蝇"（明·顾德基《咏闭塞而成冬》），各种小动物都已经深蛰，人也敛迹归家避寒。

毛瑞香

万斛幽香量不尽
霜风吹送暮天青

"闭塞而成冬"的花信是毛瑞香。毛瑞香俗名大黄构、贼腰带、野梦花、紫枝瑞香等，为瑞香科瑞香属常绿直立观赏灌木花卉。其枝深紫色或紫红色，叶片呈椭圆形或披针形，花白色，有时淡黄白色，果实红色。

毛瑞香具有很高的观赏价值。它树姿优美，树冠圆形，条柔叶厚，枝干婆娑，四季常青；它的花虽小，但秋末的农历九月吐花蕾，在初冬十月百花逐渐凋落的时候绽放，直到来年二月才开始凋谢，花期达半年之久，而且锦簇成团，香气清馨高雅，宋代杨万里《瑞香花》诗云："侵雪开花雪不侵，开时色浅未开深。碧团圞里笋成束，紫蓓蕾中香满襟。"毛瑞香适合种于林间空地、林缘道旁、山坡台地及假山阴面，若散植于岩石间则风趣益增，因而不但中国喜爱，日本的庭院中也十分喜爱使用，多将它修剪为球形，种于松柏之前供点缀之用。

毛瑞香茎皮纤维为造纸的良好原料。它的根、树皮、花均可入药。

北陆苍茫河海凝

正冬十一月六候

经过一个月西北风、繁霜的交互作用，真正的冬天终于来了！唐代"北京三杰"之一的富嘉谟诗云："北陆苍茫河海凝，南山阑干旦夜冰。素彩峨峨明月升，深山穷谷不自见。"范晔《后汉书·律历志下》："日行北陆谓之冬，西陆谓之春，南陆谓之夏，东陆谓之秋。"北陆本指太阳冬季所在的方位，后来被人们用来代称冬天。但北陆的"苍茫"描绘的就是大雪纷飞的场景，初唐吴融也是用"苍茫"来描绘的："四野苍茫际，千家晃朗中。"漫天飞雪弥漫四野，所以也就使被大雪掩盖的"深山穷谷"不能自我显现，雪光与明月相映，让人觉得千家万户好像在明朗的天空下晃动，如果冷飕飕的北风再加持，那么飞雪在一夜之间就会使江河凝结，甚至形成如汉白玉栏杆一般的冰凌……

十一月由以西北风为主转为以北风为主，再由以繁霜为主转为以雪或冰为主，这使得本月的日均温再次大幅下降：华北、西北地区降幅较大，华中、西南地区降幅次之，华东地区降幅又次之，华南地区降幅最小。南朝梁萧统对十一月记述是："冷风盛而结鼻，寒气切而凝唇。虹入汉而藏形，鹤临桥而送语。彤云垂四面之叶，玉雪开六出之花。"(《黄钟十一月启》)浓云四布，雪花漫天，比西北风更阴冷的北风，不知疲倦地刮过来，让人感觉到鼻口寒冷，甚而至于鼻口被凝结呼吸困难……

依地支论时节："十一月之辰谓为子。子者，孳也，谓阳气至此更孳生也。"(《晋书·乐志》)这个地支论与古人的八卦阴阳也是吻合的：十一月的属卦是复卦(䷗)，震为雷、为动，坤为地、为顺，动则顺，顺其自然，它的卦象是上坤下震，五阴在上一阳在下，所谓"一阳生"，体现了各种变化的可能性。所以十一月还是隐藏了生机的："碧筒九寸吹宝瓶，老麋脱角占卿云。酸风射寒入幽素，采采芳芸拂秋蠹。"(宋·周密《拟长吉十二月乐辞·十一月》)尽管酸风寒气活跃，却仍然有"采采芳芸"，顽强的"秋蠹"，还有那脱角再生的麋鹿……勤奋的人们也没有闲着，他们除了继续收藏盐水萝卜、牛蒡子、豆饼、水果子、盐菜等外，还在栽种小麦、油菜、莴苣、桑，在移植松、柏、桧等树木，在浇培石榴、柑、橘、橙、柚、梨、栗、枣、柿等果木，为了安居过冬而夹苞篱，为了健康而做酒药，为了来年更好地生产而造农具……

或许正是有了这样的生机，正冬十一月中次第发生的六候是：鹖旦不鸣、虎始交、荔挺出、蚯蚓结、麋角解、水泉动。

"鶡（hé）旦不鸣"是七十二候中不太好理解的物候之一，综观古今文献，至少有两个问题需要弄明白。一为"鶡旦"究竟是什么动物？有两种看法，今人基本认为是复齿鼯鼠，古人则多认为是一种鸟。复齿鼯鼠我们在"田鼠化为鴽"一候中提到过，还按照宋以来人，列了寒号鸟、寒号虫两个别称，但没有说复齿鼯鼠就是寒号鸟。复齿鼯鼠不是鶡旦：理由之一是它常在陡峭的石洞、树洞等处筑巢，非常勤奋，并以干草铺垫，好在穴洞口以柴草封闭，整个穴洞干燥、清洁，常年温度适中，穴洞内夏季最高温度在25—27摄氏度，冬季最低温度在10摄氏度左右，空气湿度也适中，而且它们是一洞一鼠独居，不存在不筑巢的问

慑于冬正

六十一候鶡旦不鸣

花信：蜡梅

宋·夏圭（传）《月令图·鶡旦不鸣》

仲冬肾气旺，心肺衰，
宜助肺安神，调理脾胃。
无乖其时，勿暴温暖，
勿犯东南贼邪之风，
令人多汗，腰脊强病，
四肢不通。

《云笈七签》

题；理由之二是复齿鼯鼠虽有"哩—嘟罗—嘟罗"与老鼠类似的叫声，但它性情孤僻，好静，很少鸣叫，不存在"寒号"的问题；理由之三是复齿鼯鼠冬季繁殖，在穴洞内共同抚育幼鼠，相对于其他时期更少外出，不存在特别惧怕冬寒的问题。四是成年复齿鼯鼠都在春秋两季换毛，不存在冬天遇寒特别敏感的问题。

至于鹖旦是鸟，这是古代文献中的主导结论：这种鸟的形态大致是相传为春秋时师旷所撰《禽经》所说的"似雉而大，有毛角"，汉魏曹植《鹖赋》"扬玄黄之劲羽"，东晋郭璞《方言注》"似鸡五色"，宋陆佃《埤雅·鹖》说"鹖似雉而大，黄黑色，故其名曰'褐'，而《鹖赋》云：'黄之劲羽也，有毛角，专场健斗，斗死不却，盖鸷鸟之暴戾者'"……正因为是鸟禽，所以才称"鹖鸣""鴠鸣""鹖鸡"，简称"鹖"。元末陶宗仪《南村辍耕录》记述了鹖鸣的鸣叫："当盛暑时，毛羽文采绚烂，乃自鸣曰：'凤凰不如我！'比至深冬严寒之际，毛羽脱落，若雏（刚出壳的幼禽），遂自鸣曰：'得过且过。'"李时珍也采用了这一说法。鹖鸣"性敢于斗""死犹不置"，令古人非常敬佩，《左传》就记载了鹖冠，认为"武士戴之，象其勇也"。

因为有记录鹖鸣叫，就与"不鸣"矛盾了，这是第二个问题。最早质疑的是吴澄："夜既鸣，何为不鸣耶？"有鹖鸣在冬季"鸣"了，为什么会在仲冬就不鸣了呢？陈澔认为："夫夜鸣，则阴类也。然鸣而求旦，则求阳而已。故感微阳之生而不鸣，则以得所求故也。"鹖鸣晚上有"求旦"鸣叫，就是为了"求阳"，天亮以后，气温有所回升，所以就不鸣叫了。这个道理，东汉郑玄就是这么认为的："随应寻至也，入穴，寒征也。"鹖鸣慑于冬正的严寒，所以一到仲冬就畏寒，其原因可能是西晋郭义恭《广志》中所说："冬毛希，夏毛盛。"这些大致都说得过去。马国翰《鹖旦不鸣诗》也表示肯定："鴲鸣惟求旦，纷多鹖鴠名。一从逢大雪，不复作长鸣。"当然"鹖旦不鸣"与"反舌无声"还是有区别的："不鸣尚有沉雄气，莫作无声反舌看。"（明·顾德基《咏鹖鸣不鸣》）明代杨慎《丹铅总录》才提出"寒号虫即鹖"的说法，后人多沿用。是鹖鸣究竟是现代的哪一种鸟，人们还不明确，但人们认为鸟比兽更符合愿意。

蜡梅

枝横碧玉天然瘦
蕾破黄金分外香

"鹖旦不鸣"的花信是蜡梅。蜡梅又名大叶蜡梅、磬口蜡梅、黄梅花、金梅、唐梅、香梅、荷花蜡梅、素心蜡梅、蜡木等，蜡梅科蜡梅属观赏花木。明代王世懋《学圃馀疏》说："蜡梅是寒花绝品。人言腊时开，故以腊名，非也，为色正似黄蜡耳！出自河南者曰磬口，香、色、形皆第一；松江名荷花者，次之；本地狗缨下矣。得磬口，荷花可废，何况狗缨。"这说明三点：首先纠正以"腊"为名之误，蜡梅是因花色似蜡才得名的，所以不能作"腊梅"，但因为有此误会，不少人才定其为十二月的花信。蜡梅中开花最早的是虎蹄梅，在玄冬十月开花，最晚的是狗牙蜡梅，晚至新春时节。宋诗人晁补之《谢王立之送蜡梅五首》有"去年不见蜡梅开，准拟新年恰恰来"之句，其余四种基本在正冬十一月次第开放，所以花期是十一月。其次"蜡梅"有磬口、荷花、狗缨三个有名的品种，宋代范成大《范村梅谱》："（蜡梅）经接，花疏，虽盛开，花常半含，名'磬口梅'，言似僧磬之口也，亦省作'磬口'。"磬口梅盛开时常常半含，花瓣较圆，色深黄，按花心颜色分为荤心和素心两种，荤心香气浓，花心紫色，又称檀香梅。荷花梅即素心梅的别称，花瓣长椭圆形，向后反卷，花色淡黄，心洁白，花香芳馥。狗缨即狗牙梅，花瓣尖而形较小，外轮花瓣淡黄色，香气淡，因其花九出，又称九英梅。他认为磬口梅最佳，荷花梅次之。原产于秦岭、大巴山、武当山一带的蜡梅是我国特有的珍贵花木，素有"姚家黄梅冠天下"的美誉。

据《本草纲目》《中华本草》《中药大辞典》等记载，蜡梅花味微甘、辛凉，具有解暑生津、开胃散郁、解毒生肌、止咳等功效。

在鹖旦面临寒冷采用收缩策略而不鸣时，百兽之王的老虎却正在积极繁衍："虎始交"。

清代叶志诜《虎始交赞》赞得好："阳至乘阴，虎知育化。气感氤氲，啸追匹亚。谷震风生，林摇霜下。月孕遥瞻，诞英朱夏。"如前引言所说，十一月的属卦是复卦而出现了"一阳生"的卦意，体现了各种变化的可能性，因而也隐藏了生机，不懂八卦的老虎却知道"育化"的时刻来临，在阴冷之气弥漫的时候，雄虎呼啸山林，使山谷震荡，霜冰之叶摇落，其目的就是想获得雌虎的关注，进而得到它的爱慕，大约就是一个月的光景，雌虎怀孕，再过六七个月，它们的后代就会傲然出世了！

宋·夏圭（传）《月令图·虎始交》

虎交冬半

六十二候虎始交

花信：藏报春

勿枕冷石铁物，
令人目暗。

《千金翼》

时至今日，人们都知道，"虎始交"与八卦确实没有直接的关联，这是老虎自身繁衍的自然规律而已。老虎的寿命一般为 20—25 年，而它们的性成熟相当晚，雌虎一般要到 3 岁时才成熟，雄虎则还要晚，待三四年性成熟了，它们才有"始交"的机会，可它们各自的领地约方圆四十公里，它们凭借呼啸，依赖可以维持三个星期、独特而强烈的排泄物气味来彼此沟通，进入正冬十一月后，雄虎发情了，就不断在与雌虎领地交接的区域呼啸并留下有强烈气味的排泄物，雌虎选中一只雄虎之后，也就相应地一次次对接，各自对对方的多方核实、慎重考察，并相互认可后才开始约会。一般是雄虎主动向雌虎的领地靠过来，经过多次接近，雌虎才会接受……交配一次后，雄虎留在雌虎领地。期间，它们会继续交配，保证有效怀孕，雌虎怀孕之后，就会把雄虎赶走。

明末清初文学家彭孙贻的《虎始交》诗云："暖律初回白兽宫，山君求匹下蒙茸。尾箕光动于菟上，铅汞精飞巨泽中。彩晕忽围班女月，巫云同啸大王风。只今草莽多豪杰，未许双栖有二雄。"诗描述的是"虎始交"威武的雄虎，在由坤到复，也就是由冷开始转暖的时候，为了寻求雌虎走下庞杂的山麓，踏上寻爱之路，一声呼啸令雌虎痴情迷离，虽然情敌众多，但它凭不容"二雄"的豪气，终于如愿以偿！

藏报春

"虎始交"的花信是藏报春。藏报春又称大种樱草、中华报春、年景花、大虎耳草,为报春花科报春花属多年生草本。它原产于陕西南部,然后逐渐分布全国,但以华中、西北、西南地区为主,现已广泛栽培于世界各地。它全株被多细胞柔毛,根状茎稍粗壮,叶多数簇生,叶片轮廓阔卵圆形,叶柄常带淡紫红色,花葶绿色或淡紫红色,伞形花序,花冠淡蓝紫色或玫瑰红色,蒴果卵球形。

清代吴其濬《植物名实图考》记载,藏报春全草可以入药,冬、春季采收,鲜用或晒干都行。它味苦,性凉,具有清热解毒的功效。

藏报春是冬去春来之际、为数不多而又足供欣赏的花卉。它以呈缺刻状粗齿形、鲜时肥厚多汁的叶片,带淡紫红色的叶柄,绿色或淡紫红色的花葶,淡蓝紫色或玫瑰红色的花冠,成为各种颜色交汇和重瓣的优美园艺品种,现已荣升为著名的温室花卉。

"仲冬方寒荔挺出，仲夏方炎靡草死。若将朝菌比大椿，相去何啻千万里。金芝仙草不可见，长生之草略相似。"这是宋代楼钥的诗，诗中十一月的"荔挺出"对应四月的"靡草死"，这就说明荔、靡草都是葶苈，"荔挺出"就是葶苈这时正式破土发芽，到次年四月，葶苈一生才半年时光，所以诗人发出生命苦短的感叹："若将朝菌比大椿，相去何啻千万里。"这里应用了庄周《庄子·逍遥游》"朝菌"和"大椿"的典故："朝菌不知晦朔"，以朝生暮死的菌类，比喻极短促的生命；"上古有大椿者，以八千岁为春，以八千岁为秋"，大椿一万六千岁为半年，比喻极长久的生命。葶苈和大椿的生命期"相去何啻千万里"！再由此推及那些求"金芝仙草"、探讨长生不死的，都是徒劳的！

采用葶苈的生和死来作为物候的标志，具有很鲜明的特点。葶苈死在"夏长"——农作物进入生长旺季、万物繁茂的四月，构成了"九生一死"鲜明而强烈的对比，获得了极高的关注率！这次葶苈的生也具有同样的效果：在"虹藏不见、闭塞而成冬、地气下降、雉入大水、鹖旦不鸣"之际，这时候从《周易》卦理看是这样的："阴阳妙合互藏精，万物森然各有神。靡草露机坤是复，野龙交战指迷津。"（宋·胡宏《靡草》）阴阳转化、精华相互交融，妙合无垠，万物秩序井然，各有神主，靡草暗露的天机就是由坤卦走向复卦，表明时节由十月进入到十一月，由极阴（六阴）走向盛阴（一阳五阴），野龙交战，天昏地暗，预示着天气会继续寒冷……葶苈却是在这样的环境中破土而出，形成了与死相反的"九死一生"的格局！元代文人顾瑛，对"荔挺出"的葶苈这一"生"很是钦佩："烧余葶苈生当路，

君子斋戒慎处，
必检身心。
身欲宁，去声色，
禁嗜欲，安形性，
事欲静。

《月令》

雪后梅花开满烟！"（《次韵癸卯除夕》）葶苈生当"寒"路，梅花开在雪后，在万物凋谢的正冬，它们这种傲然挺立、顽强抗争的生命力，着实让人感动不已！

山靛

俗丽删世春
真采发天绚

"荔挺出"的花信是山靛。山靛是大戟科山靛属草本植物，主要分布于浙江（天目山）、江西、湖南、广东（乳源）、广西、贵州、湖北、四川、云南等省区，生活在山地密林下或山谷水沟边。因为它的叶可用作染料，古代文献中一般称之为蓝，宋代著名学者郑樵还把它做了区分："蓝有三种：蓼蓝如蓼，染绿；大蓝如芥，染碧；槐蓝如槐，染青。三蓝皆可作淀，色成胜母，故曰：青出于蓝而青于蓝。"（《通志·昆虫草木略》）共三种：染绿色的蓼、染碧色的大蓝和染青色的槐蓝。这三种蓝的叶子提炼出来的染物精华就是靛。清代钱涛《百花弹词》说："苜蓿花，靛青花，近于野草。"山靛高0.3—1米，根状茎平卧，茎直立。叶对生，卵状长圆形或卵状披针形。雌雄同株，雌花两侧常有数朵雄花。

山靛也有观赏价值："红叶烧成丹，蓝草泼为靛。俗丽删世春，真采发天绚。虽无莺可邀，尚有蝶来展。"（清·姚燮《自醒鸠岭逾石竹冈憩字岩下田家三章·其二》）山靛的青蓝与其他经霜雪变成丹红的叶子交相辉映，焕发出天然的绚丽风采！大蓝叶类白菜，微厚而狭窄，蒇马蓝叶似莴菜，它们都无毒，可以食用；但多年生山靛全株有毒，严禁食用或药用。

"候再征蚯蚓，阴阳气不同。动交犹穴伏，纡结渐身通。灰自三重散，泥将六一融。岂嫌偕步屈，毋亦鉴陵穷。"(《蚯蚓结诗》)清代马国翰这诗告诉我们：由于阴阳气的倒转，蚯蚓出的时候是六阳至极，此时则反过来了，变成了六阴至极："六阴消尽一阳生。暗藏萌。雪花轻。九九严凝，河海结层冰。"(元·全真道士尹志平《江城子·龙阳观冬至作》)按照易理八卦，时至冬至就是复卦，它的卦象是上坤下雷，成了一阳爻垫底，五阴爻在上，阴气太盛就是寒冷的时候，于是天气开始阴暗，雪花开始飞来，"冷在三九"的时刻到了，"俗用冬至日数及九九八十一日，为寒尽"(南朝梁·宗懔《荆楚岁时记》)，江湖河海等水域也就有冰了。"候再征蚯蚓"，面对如此的气候，蚯蚓咋办?

蚯蚓会选择伏穴。蚯蚓号称地龙，俗称曲蟮，含有有机物的土壤是它的一切，一辈子都是在土壤中穴居并营生，如果天下大雨，雨水填满了土壤缝隙，蚯蚓无法在地下通过皮肤表面的黏液来呼吸了，才会钻出地面，所以伏穴是常态。蚯蚓是变温动物，体温随着外界环境温度的变化而变化，因而对环境的依赖一般比恒温动物更为显著，环境温度不仅影响蚯蚓的体温和活动，还影响蚯蚓的新陈代谢、生长发育及繁殖等，而且温度也对其他生活条件产生较大的影响，从而间接影响蚯蚓。洞穴深处的温度与当地年均温相近，尽管洞穴一般是恒温的，大约在15—20摄氏度，但是当地月平均温度与年平均温度出现差异时，洞穴温度势必也会降低。蚯蚓就采用了抱团取暖的方式——"纡结"，也就是蚯蚓结："交相结而如绳"(吴澄《集解》)。伏穴的还是"蚯蚓在泥穴，出缩常似盈"(宋·梅尧臣《蚯蚓》)，不

蚓御冬寒

六十四候蚯蚓结
花信：匙叶鼠麹草

共工氏子不才，
以冬至日死，
为疫鬼，畏赤小豆，
是日以赤小豆煮粥厌之。

《纂要》

宋·夏圭（传）《月令图·蚯蚓结》

得已外出的就"蚯蚓迎阳出，经冬又结团"（清·延清《蚯蚓结诗》），而且这也是物候观察者和人们能够见到的，所以才"候再征蚯蚓"。

匙叶鼠麴草

　　"蚯蚓结"的花信是匙叶鼠麴草。匙叶鼠麴草又名匙叶合冠鼠麴草，是菊科鼠麴草属一年生草本花卉。主要分布于江苏南部、安徽、浙江、福建北部、台湾、江西、湖北、湖南、广东、香港、海南、广西北部、云南、贵州南部及四川东南部，通常生长于篱园或耕地。匙叶鼠麴草一般是直立或斜升着生长，高度可以生长到40厘米，它的花呈淡淡的污黄或麦秆黄色。

　　浅黄的匙叶鼠麴草花在篱园、地里自然开放，也为雪冰交加的正冬平添了一点亮色。它旧时是养猪的饲料之一；它还有药用价值，全株入药，具清热解毒、宣肺平喘之功效。

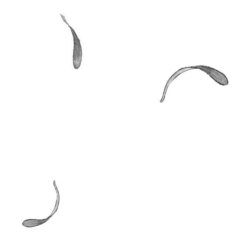

麋鹿因为"头似马，角似鹿，蹄似牛，尾似驴"而有"四不像"的绰号，为鹿科麋鹿属品种，虽然麋鹿曾有双叉种、蓝田种、台湾种、晋南种、达氏种五个物种，但如今仅存达氏一种，因而是国家一级保护动物，也是世界珍稀动物。三千年前，麋鹿主要分布于黄河流域、长江中下游地区，后来因气候变化和人类的猎杀，在汉朝末年就近乎绝种；元朝时，蒙古士兵将残余的麋鹿捕运到北方以供游猎；1894年永定河泛滥，冲毁皇家猎苑围墙，苑内约300头逃出，被饥民和后来的八国联军猎杀抢劫，从此在中国消失。1986年8月中国从英国乌邦寺迎归了20头年轻的麋鹿，放养在清代曾豢养麋鹿的南海子，并建立了一个麋鹿生态研究

宋·夏圭（传）《月令图·麋角解》

角解冬阳

花信：仙客来

六十五候麋角解

勿食螺蛳螃蟹，
损人志气，
长尸虫。

《千金翼》

中心及麋鹿苑；1987年8月，英国伦敦动物园又无偿提供了39头麋鹿，放养在大丰麋鹿保护区；2017年，这两处的麋鹿都生长良好，繁殖率、存活率、年递增率均居世界之首。

麋和鹿都是鹿，而且"麋鹿"连用，古今多有，为什么七十二候中"鹿角解"之后又有"麋角解"呢？吴澄称："鹿，形小山兽也，属阳，角支向前与黄牛一同；麋，形大泽兽也，属阴，角支向后与水牛一同。夏至一阴生，感阴气而鹿角解。解，角退落也。冬至一阳生，麋感阳气而角解矣，是夏至阳之极，冬至阴之极也。"这个答案有待商榷：一是体形大小不对，麋鹿体重120—180千克，比体重70—100千克的梅花鹿大，却比体重230—250千克的马鹿要小。二是角的形态区分也不尽然，梅花鹿的角是眉杈向前上方横抱，角尖稍向内弯曲，马鹿的角主干向后倾斜，所以鹿角是有前有后的，而麋鹿角形状特殊，没有眉杈，角干在上方分为前后两枝，前枝向上延伸后再分为前后两枝，每小枝上再长出一些小杈，后枝平直向后伸展，末端有时也长出一些小杈，倒置时能够三足鼎立，是在鹿科动物中独一无二的。三是以山兽和泽兽来区分不准确，尽管我们现代麋鹿保护区都在湿地，但古代野生麋鹿并非如此，明代龚诩说："十年作客南野堂，麋鹿未忘山野性。"（《怀东庄》）清代彭孙遹也说："空谷无人迹，君看麋鹿游。"（《麋鹿》）我们从"鹿角解"中也已经知道梅花鹿、马鹿的生活居处环境是随季节而变化的，所以山和泽是不能区分麋与鹿的。最后是建立在这个基础之上的阴兽、阳兽之说，再推论出"感阴气而鹿角解"，"麋感阳气而角解"的结论，显然也很难成立。当然，吴澄不是胡乱说的，他的根据很可能是初唐熊安生的这段话："鹿是山兽，夏至得阴气而解角。麋是泽兽，冬至得阳气而解角。今以麋为阴兽，情淫而游泽，冬至阴方退，故解角从阴退之象。鹿是阳兽，情淫而游山，夏至得阴而解角，从阳退之象。若节气早则十一月解，故《夏小正》云'十一月麋角陨坠'是也。节气晚则十二月解，故《小正》云'十二月陨麋角'。"（见孔颖达《礼记正义》）

对于这类主流的解说，还是有会质疑的人，延清就质疑："圣训为刊疑。"他可不是以批古圣来抬高自己的，而是"幸从南苑证"的实地考察，他的结论是："角又隆冬解，灵台特正时。征文今作尘（麈），考字古讹麋。斑异龙堪比，群多鹿自随。"(《麋角解诗》)首先有字形讹误,"麈"讹成了"麋",梅花鹿身上的斑纹以及色彩随季节变化,到冬季体毛呈烟褐色,与枯茅草的颜色类似,可能让人们误为是麋。虽然文字的讹误还需琢磨,但是"鹿自随"的结论就很科学了:如前所述,鹿角生长与脱落受脑下垂体和睾丸激素的影响,麋的发情和繁殖要晚于梅花鹿和马鹿,在"鹿角解"的时候它们才开始,繁殖期结束后就是正冬十月了,这才有"麋解角"。

仙客来

仙姝有约不负人
到头毕竟还相遇

"麇角解"的花信仙客来。仙客来又名萝卜海棠、兔耳花、一品冠、篝火花等，是报春花科仙客来属多年生草本花卉。它是我国从波斯引进的观赏性花卉，其叶质地稍厚，深绿色，常有浅色的斑纹；花数较多，一次开花最多可达 50 朵，花冠白色或玫瑰红色，喉部深紫色。仙客来具有较好的观赏价值。它具有一定的耐寒能力，一般正冬十一月（公历 12 月初）就能开花，到次年春季达到盛花期。有单瓣、重瓣以及边缘具细缺刻和波皱，花蕾较尖，花瓣较窄的形态，在具有浅色的斑纹叶面的烘衬下，成为冬春之际难得而别致的花景。近代汪东有《绣带儿》词曰："帘护碧瓯栽，琼瓣倚寒开。想得移根殊域，驿递附龙媒。○扶起玉真来，似醉晕，微透香腮。广寒宫近，何时遍植，月地云阶。"这首词的词序，交代了所赞仙客来的具体品种："绣带儿翼云家有兔耳花，波斯种也。淡红者名醉杨妃，尤艳绝。"因品名"醉杨妃"，写法上是由花及人，"驿递附龙媒"明说仙客来移植于异域，也暗将仙客来与杨贵妃融为一体来赞美："似醉晕"，白里透红的色，人花交汇的香，堪称"艳绝"。仙客来还生发出嫦娥带着玉兔下凡与后羿约会和六仙女与花郎恋爱的民间传说。

阳催冬泉

自"水始冰"之后，又经历了"地始冻""闭塞而成冬"，持续的气温下降，按常理应该不会发生"水泉动"了。其实不然，"水泉动"的水泉包括了河水与泉水，到农历十一月底，河水与泉水流动并能让人看到或听到，有这样几种情况：一般而言，我国河流冬季有无结冰期的分界是淮河，淮河以北的河流冬季普遍有结冰期，而且越往北结冰期越长、冰层越厚；淮河以南的河流冬季普遍没有结冰期，只在越是靠近淮河的河流才可能有结冰期，这要看当年的气候状况而定，以最著名的黄河和长江为例，黄河冬季有结冰，尤其是内蒙古河段结冰期虽不太长，但比其他地方要厚得多；长江则不同，除了源头部分河段要结冰外，干流绝大部分和众多的支流都不结冰。十一月底，山西太原以南的黄河和长江以南河流都能够发现"水泉动"，这是其一。其二，即便是结冰的河流，水深的也只是表面结冰，冰下的水反膨胀，密度也变小，不再往下沉，无法形成河水内部上下对流，所以冰下的水依然可保持在冰点以上的温度，河水仍然在流动。其三，各类地下河一般都不会冻结。其四，各类温度在冰点以上的溪流和泉水，一般都不会冻结。

古人对上述四种"水泉动"的情况都非常关注。"地际朝阳满，天边宿雾收。风兼残雪起，河带断冰流。"（唐·于良史《冬日野望》）这是一般的浅的水泉，因结冰而断流。"葱岭伏流惊砥柱，岷山涓滴润扬尘"（明·顾德基《咏水泉动》），这是说黄河西北端、岷江虽有冰但江水或"伏流"或带着薄冰如涓滴一般在流，这样的冰下流白居易在《琵琶行》中描述很生动、很经典："间关莺语花底滑，幽咽泉流冰下难。水泉冷涩弦疑绝，疑绝不通声暂歇。""关方开黑帝，阳已动黄泉"（清·马国翰《水泉动

是月肾脏正旺，心肺衰微，宜增苦味，绝咸，补理肺胃，闭关静摄，以迎初阳，使其长养，以全吾生。

孙思邈《修养法》

宋·夏圭（传）《月令图·水泉动》

诗》），这是说地下水泉。"地暖水泉先自动，江寒鸿雁远相依"（明·区大相《仲冬即事·其二》），这是说温泉。

当代诗人姚佳对"水泉动"和正冬后三候的关联作了描述："水泉动斗坠微茫，亚岁贺冬今了当。祭祖草开冬至酒，思人花忆夜来香。胸中块垒横千岭，眼底沧桑竖一窗。莫道心如蚯蚓结，山中麋角解新装。"水泉动斗、蚯蚓结心、麋角解装，既是联动，也是诗人与三候的互动，还将贺冬、祭祖、思人和抒怀的情事融为一体，富有情韵。

冬菊

后时独立应无恨
少待梅花相伴开

"水泉动"的花信是冬菊。冬菊一名寒菊，为菊科紫菀属多年生草本。王象晋《群芳谱·冬菊》："花薄而小，径仅寸半，色深红，质如蜡瓣阔而短，开极迟，叶疏青而泽，初似银芍药，其后弓而厚，长而尖，亚深，尖多，枝干顺直扶疏，高可五六尺。"冬菊茎直立，圆柱形，高25—50厘米；花朵较大，花色大多是白色的，但也有紫色等其他颜色。

冬菊属于大型的菊花品种，又耐寒性很强，即使在0摄氏度以下，它也可以开出白、红、紫色交错的美丽的花朵，因而具有独特的观赏价值。宋代本草学家苏颂赞颂河南商丘睢阳冬菊道："经冬寒菊已离披，梁苑残英尚满墀。尊酒还思元亮醉，秋香又过子愚期。寻芳意思人尤厚，耐冷枝条土所宜。"（《和府推官冬菊》）睢阳地势高燥，土层深厚、富含腐殖质，轻松肥沃而排水良好的沙壤土，非常适合冬菊生长，所以夏菊、桂花即将凋残之际，冬菊则开花即入繁荣时期。宋代诗人王柏因而赞美冬菊："霜天无物不雕残，忽见青蕤羽葆攒。欲制颓龄须耐冷，一阳定有落英餐。"（《叶西庐惠冬菊三绝》其二）

琼芳消歇年华改

严冬十二月六候

正如小雪、大雪相继出现在玄冬、正冬一样，雪花再由正冬断断续续地飘到了严冬，相对于正冬的"四野苍茫"，严冬就不太一样了："琼芳散漫舞幽碎"（元·吾丘衍），尽管雪还在"散漫舞"，但它的形态由"六出之花"的大雪片变成了"幽碎"的小雪花，动态由纷飞变为散漫，这种由大变小、由急到缓的变化趋势，让人感觉似乎雪要停了、天要暖了，其实并非如此。雪花的大小和缓急变化是有一定规律，俗谚说"先下大片无大雪，先下小雪有大片"，严冬开始的小雪漫舞，需要再转化为大雪纷飞之后，天气才有趋暖的可能。西晋傅玄有赋描绘了严冬的状态："日月会于析木兮，重阴凄而增肃。彩虹藏于虚廓兮，鳞介潜而长伏。若乃天地凛冽，庶极气否；严霜夜结，悲风昼起；飞雪山积，萧条万里。百川明而不流兮，冰冻合于四海。"（《大寒赋》）"析木"为十二星次之一，是代表拦截天河的木栅，它配十二辰为寅时，与二十八宿相配为尾、箕两宿，在十二星次中是第十二次，位于最后，时段在 11 月 13 日至 12 月 7 日（约农历十一月初九至十二月初六），日月进入析木星次的区域就是年终十二月了！这个时节即后来的二十几天，气候更加阴凄而寒冷——"严霜夜结，悲风昼起；飞雪山积，萧条万里"，以至于江河不流，四海冰冻，所以继"彩虹不见"之后，各种鳞介类动物，都已经深蛰并准备久伏了！

正因为如此，与"严冬"名实相符的十二月，气温不断下降，一般来说，华北地区和华东地区降幅最大，其次是华中地区和西北地区，华南地区和西南地区降幅较小。到了"琼芳消歇年华改"（元·吴景奎）的时候，雪终于停下来了，可是气温却没有转暖，气象还是这样："凄风怆其鸣条兮，落叶翻而洒林。兽藏丘而绝迹兮，鸟攀木而栖音。"（西晋·陆云《岁暮赋》）凄风怆鸣，最后一批树木也扛不住寒冷落叶翻飞了，鸣虫走兽早不知去向，只有那"鸟"攀木而栖，有时还会鸣叫！不错，在严冬腊月里，可能只有鸟才会刷存在感："禽知雪意凌晨噪，树挟风威彻夜号"（清·徐光第《初冬感事》），"冰沼留寒鹜，灯檐射宿禽"（宋·宋祁《西斋冬夕》），"冻禽时自惊，古木坐移影"（宋·刘挚《冬日游蔡氏园次孙元忠韵》），"阔臆惊禽鸟，鹰扬冠不群"（清·康熙帝《季冬南苑十首·其八》），"时见山禽引子来"（元·邓贲《早冬过聂氏西江别墅》），"庭树禽翻鸡唱初"（元末明初·王逢《丁卯冬季即事》）……

或许因为鸟禽有这样的存在感，严冬十二月中次第发生的六候是：雁北乡、鹊始巢、雉雊、鸡始乳、征鸟厉疾、水泽腹坚。

雁归冬朔

就在洛阳"大雪即至，人畜冬闲，防寒保暖，蜡梅初萌"之时，大雁就首次北归故乡了（即"雁北乡"），明代顾德基《咏雁北乡》曰："辞寒逐暖路何长，万里家山在朔方。传舍几迁更北向，云程已远罢南翔。"尽管征程"万里"、"传舍几迁"（传舍，本是为公人远办公事中间停留休息的驿站，这里指大雁北归途中不少的停宿休整地），大雁还是毅然不断北飞（更北向），这是因为"辞寒逐暖"的环境需求，更是因为"家山在朔方"！朔方作为行政区划是汉武帝于元朔二年（前127）开始建置的，后来历代都有变迁，管辖范围就中国而言，大致相当于内蒙古西南部以及宁夏、陕西、陕西北部等地区，就国际而言则包括内蒙古以北

宋·夏圭（传）《月令图·雁北乡》

六十七候雁北乡（首北归）

花信：梅花

腊月子日，
晒荐席，
能去蚤虱。

《琐碎录》

地区及至西伯利亚。

　　大雁首次北归故乡具体情况大致是：从江苏镇江、湖北武汉东湖、江西南昌青山湖、安徽安庆菜子湖雁窝等地北归的雁，前往国内的"朔方"，其中颇具盛名的湖南洞庭湖、回雁峰，年年都有北归的雁："旅雁归何早，遥天见两三。望如依斗北，飞不向衡南。风逆寒江暖，云开旧路谙。"（清·延清《雁北乡》）以至于唐代著名边塞诗人李益称"洞庭一夜无穷雁，不待天明尽北飞"，民国著名女诗人萧梦霞也描述道"西风萧瑟动江城，魂断衡阳万里程"；江西鄱阳湖也自古有名，清代查慎行《四字令·阻风鄱阳湖》词曰"北风吹折黄芦，奈萧萧雁呼"，在"北风吹"、"黄芦折"之际，雁则呼朋唤友"萧萧"北归。从河南洛阳、商丘，山东德州、聊城、济宁，北京雁栖镇和河北邯郸，内蒙古呼伦湖、鄂尔多斯世珍园旅游区，宁夏青铜峡鸟岛，青海青海湖以及甘肃干海子鸟类保护区、辽宁沈阳棋盘山鸟岛等地北归的雁，则是"北漠归来乡，风吹见雁初。小寒乘节候，元塞望安居"（清·马国翰《雁北乡诗》）。小寒一来，雁们就渴望北归"元塞"的"北漠"，前往国外的西伯利亚地区"安居"。

"雁北乡"的花信是梅花。宋代范成大《梅谱·序》云："梅天下尤物，无问智贤愚不肖，莫敢有异议。学圃之士必先种梅，且不厌多。他花有无多少，皆不系重轻。"确实如此，梅花是中国十大名花之首，与兰花、竹子、菊花一起列为四君子，与松、竹并称为"岁寒三友"。在中国传统文化中，梅以它的高洁、坚强、谦虚的品格，给人以立志奋发的激励。在严寒中，梅开百花之先，独天下而春。在七十二候花信中，这是继点地梅、红梅、绿梅、蜡梅之后的第五梅。梅俗名乌梅、酸梅、垂枝梅、干枝梅、春梅、白梅花、野梅花、西梅，为蔷薇科杏属观赏型果木，是梅花花梅类中的一种。

梅为小乔木或稀灌木，高在 4—10 米之间；树皮浅灰色或带绿色，叶片为卵形或椭圆形，花香味浓，先于叶开放，花萼通常为红褐色，但有些品种的花萼为绿色或绿紫色，花瓣呈倒卵形，白色至粉红色。

梅树树姿古朴，苍劲古雅，疏枝横斜；梅花傲霜斗雪、凌寒独开，花色素雅，花态秀丽，花香浓郁，清雅俊逸；梅果黄绿相间，酸甜毕具；梅及梅花成为雅俗共赏、最具影响力的花木，自古以来梅花季节出现了几乎空巷观赏的盛况，形成了华中的鄢陵梅花，华南的梅岭梅花，华东的淀山梅花、灵峰梅花、邓尉梅花、梅园梅花等观梅胜地。自先秦《尚书·说命》《诗经》以来，诗文方面，历代名家唐有杜甫、白居易、杜牧、李商隐等，宋、金、元有林逋、苏轼、秦观、王安石、陆游、赵佶、杨无咎、马远、赵孟坚、王冕等，明清有杨慎、高启、唐寅、徐渭、金农、李方膺等，近现代有龚自珍、毛泽东、吴昌硕、齐白石、徐悲鸿、张大千、关山月等，均留下不朽佳作。画作有北宋赵佶《蜡梅山禽图》等梅画。晋以后相关梅艺术的专集也不少，晋清商曲辞《梅花落》（笛曲），唐《大梅花》和《小梅花》（角

梅花

寻常一样窗前月
才有梅花便不同

曲），宋黄大舆《梅苑》，元冯子振、释明本同名的《梅花百咏》，明王思义《香雪林集》（录有梅画、梅诗文、梅掌故等），清黄琼《梅史》（梅诗文），明清《梅花三弄》（琴曲）、《梅花操》（南曲），等等。

梅还可提取柠檬酸、苹果酸、琥珀酸等，具有很好的经济价值；它还可以饮食，制作梅花汤饼、梅酱、蜜渍梅花、糖脆梅等佳品；花、实、核仁、根均可入药。

宋代苏轼《西江月·咏梅》词云："马趁香微路远，沙笼月淡烟斜。渡波清彻映妍华。倒绿枝寒凤挂。〇挂凤寒枝绿倒，华妍映彻清波。渡斜烟淡月笼沙。远路微香趁马。"词作以回文形式，借梅思佳人，别具一格。

作为候鸟的大雁北归之后几天，留鸟喜鹊开始筑巢了。喜鹊是人们较为熟悉和喜爱的鸟类，也是与人类密切相关的鸟类。它的分布极为广泛，无论平原、草原、丘陵或山地，凡有人类居住从事农、牧业经营的地方，都可见到它的踪迹。所以，至晚在东周时期它就被人们普遍关注，也具有非常特殊的文化内涵，我们从它名称就可以知道。李时珍《本草纲目·释名》记载："鹊鸣唶唶，故谓之鹊。鹊色驳杂，故谓之驳。灵能报喜，故谓之喜。性最恶湿，故谓之干。佛经谓之刍尼，小说谓之神女。"单名两个："鹊"源于"唶唶"（jièjiè，声音近似）的叫声；"驳"源于体色"黑爪、绿背、白腹、尾翮黑白驳杂"的多色和错杂，也可以作"驳鹊"，如"月淡星稀空浩瀚，驳鹊来时，将把银河挽。两岸相思双泪眼，依偎无语深深眷"（佚名《蝶恋花·牛郎织女》）。双名多一些：灵鹊、喜鹊，是源于它"灵能报喜"，这话是依据《禽经·灵鹊》"灵鹊兆喜，鹊噪则喜生"而言；干鹊，源于它性好晴，其声清亮（"恶湿"），如《西京杂记》卷三"干鹊噪而行人至"，或作"鳱鹊"或"干鹄"，前如汉王充《论衡·实知》"狌狌知往，鳱鹊知来，禀之天性，自然者也"，后如《淮南子·泛论训》"猩猩知往而不知来，干鹄知来而不知往"，高诱注云"干鹄鹊也，人将有喜征则鸣"，"干鹄"也作"鳱鹊"，《博雅·释鸟》称"鳱鹊，鹊也"；刍尼或作"刍泥"，源于宋释念常《佛祖历代通载·卷第五》"名刍尼（此云野鹊子），昔如来在雪山修道，刍尼巢于顶上"，还有苏轼《法云寺礼拜石记》云"闻我佛修道时，刍泥巢顶，沾佛气分"；最后的"小说谓之神女"的"神女"一名，源于宋无名氏《奚囊橘柚》这个浪漫而有趣的传说："袁伯文七月六日过高唐，

鹊巢冬枝

六十八候鹊始巢
花信：山茶

是月取猪脂四两，
悬于厕中，
入夏一家无蝇。

《琐碎录》

遇雨宿于山家。夜梦女子甚都，自称神女。伯文欲留之，神女曰：'明日当为织女造桥，违命之辱。'伯文惊觉，天已辨色，启窗视之，有群鹊东飞。有一稍小者从窗中飞去，是以名鹊为'神女'也。"除了这些之外，还有乌鹊，这是因为体色以黑为主，曹操有名的"月明星稀，乌鹊南飞"；乾鹊，马瑞辰《毛诗传笺通释》"鹊为阳鸟，先事物而动应，故名"，《禽经·鹊孕以音》称"鹊，乾鹊也，上下飞鸣则孕"。在这些具有特殊文化内涵的名称中，以"灵鹊报喜"和"鹊桥会"最为著名，以至于形成了流传至今的民俗。

　　鹊巢也颇受关注，《诗经·召南》就有《鹊巢》诗："维鹊有巢，维鸠居之。"因而就有了成语"鹊巢鸠占"。喜鹊是鸟中筑巢的第一高手，郑玄认为喜鹊的巢"最为完固"。喜鹊每年繁殖一窝，繁殖期在正月开始。在繁殖之前，就必须先筑好巢，它们通常在松树、杨树、柞树、榆树、柳树、胡桃树等高大乔木上构筑，筑好的巢远看似一堆乱枝，实则较为精巧，近似球形，有顶盖，外层为枯树枝，间杂有杂草和泥土，内层为细的枝条和泥土，内垫有麻、纤维、草根、苔藓、兽毛和羽毛等柔软物质。这样精巧的巢，喜鹊两口子可是下了大功夫的：首先付出了不一般的辛劳："惜光阴于朝暮，迷饮啄之往返。于是攫腐草，衔飞蓬。重叠尺箠，回环翠空。凌寒而且近朝日，构思而偏愁夜风。俯仰求容，冀资拾芥之力；纵横居止，愿就积薪之功。"（唐·陈仲师《鹊始巢赋》）珍惜早晚的每一分时光，以至于废寝忘食，四处搜寻所需的材料，眼看凄风凌寒一天天逼近，不断完善构思，精益求精，凭日积月累的苦干巧干，渴望早日完工。其次，它们的精巧也是靠时间来打磨的，在仲冬就开始准备，到季冬就正式筑巢，直到正月才完工，前后耗时约三个月！喜鹊正式筑巢，犹如造房的奠基架梁，是非常重要的，所以人们在季冬也就很容易观察到，于是"鹊始巢"才得以作为七十二候中物候标识之一。

"鹊始巢"的花信是山茶。山茶别名薮春、山椿、耐冬、晚山茶、茶花、洋茶、山茶花，为双子叶植物纲山茶科灌木或小乔木。它属半阴性植物，喜温暖、湿润和半阴环境，怕高温，忌烈日。山茶原产中国，主要分布在浙江、江西、四川、重庆及山东等省。

山茶花简称茶花，花瓣为碗形，分单瓣或重瓣，单瓣茶花多为原始花种，重瓣茶花的花瓣可多达六十片。茶花有不同程度的红、紫、白、黄各色花种，甚至还有彩色斑纹茶花。现知茶花品种大约有两千种，可分为三大类，十二个花型。据2013年统计，中国茶花品种已超过三百种。

山茶及其茶花具有很高的观赏价值。山茶树冠多姿，枝叶繁茂，叶色翠绿，四季长青；山茶开花于冬末春初万花凋谢之时，每当花季，红英覆树，花大艳丽，状如牡丹；适合孤植、群植、盆景造型、插花、切花等造景方式，可在城市广场、公园、花坛、绿地、行道和住宅小区作绿化；可在庭园作坛植或盆栽来体现雅致，传达祥瑞；可在大面积的山茶自然群落（也可以人工栽培群落）创建大型景观区，如湖南、江西的丘陵山茶生态景观区、云南腾冲高黎贡山东坡的红花油茶林、广西金花茶保护区和山东海岛型山茶生态景观等，壮观神奇；还可以建造供山茶植物的分类学、生态学、园艺学等方面研究之用的山茶专类园和以普及为目标的山茶花展。作为传统的观赏名树名花，山茶花赢得了历代文人墨客由衷的赞美。清代名花卉画家刘灏赞道："凌寒强比松筠秀，吐艳空惊岁月非。冰雪纷纭真性在，根株老大众园稀。"（《山茶》）山茶树品性比松竹更清秀，明代名诗僧担当和尚赞道："冷艳争春喜烂然，山茶按谱甲于滇，树头万朵齐吞火，残雪烧红半个天。"（《山茶花》）山茶花火红映雪，冷艳迎春，五代前蜀著名才女花蕊夫人徐淑妃更称："人道邡（fāng）

山茶

凌寒强比松筠秀
吐艳空惊岁月非

江花如锦，胜过天池百花摇。"

　　山茶还有很好的食用价值。山茶花花瓣中含有多种维生素、蛋白质、脂肪、淀粉和各种微量的矿物质等营养物质，以及高效的生物活性物质，可以把它按花色配制各色"沙拉点心"，或用山茶瓣与鲜嫩仔鸡或瘦肉片，或用白山茶、红山茶瓣拖油或拖面油煎后糁糖作茶花糖，与米（面）可制成茶花饼等，或直接食用鲜花，这正成为当今世人热衷向往的一种现代饮食文化的新潮流，这些茶花饮食，有营养、健胃、保健的奇效。各种山茶花还是冬季、春季主要的蜜源，具有花期长、蜜质香甜的特点，产出的山茶蜜琥珀色，浓稠，味芳香，为优质蜜。山茶果籽含有丰富的不饱和脂肪油，是重要的油料，山茶油为半透明，茶褐色，半干性，富含亚油酸，上等的茶油冬季会凝成乳白色的粒晶，以湖南、江西的白花茶油和云南腾冲的红花茶油最为著名。

　　山茶还有很好的医药价值。据《中华本草》《本草纲目》《纲目拾遗》《本经逢原》《医林纂要》《救生苦海》《百草镜》等记载，山茶花含有花白甙及花色甙等，具有收敛、止血、凉血、调胃、理气、散瘀、消肿之功用。

清代延清《雉雊诗》云："几闻鸡夜雊，一唱雉朝飞。审囿流音远，栖山得气微。地中雷隐隐，郊外雪霏霏。"严冬十二月中，雨雪霏霏，雄野鸡"雊（gòu）—雊雊—"［野鸡雌雄的叫声是不同的，雌野鸡的叫声是"鷕（yǎo）鷕"］地在凌晨鸣叫，因深得山之灵气，越过天囿原野，颇有气韵。家鸡鸣叫是表示天亮了，世人称之为司晨，而野鸡对这个指令和职责是不屑的："耻任笼鸡司晓责。"（明·顾德基《咏雉雊》）雄野鸡鸣叫是爱的呼唤："一唱雉朝飞"，即是呼唤心爱的雌野鸡："雉鸣求其牡"（《诗经·邶风·匏有苦叶》），"雉之朝雊，尚求其雌"（《诗经·小雅·小弁》），有时一只雄野鸡竟然能够获得多只雌野鸡的青睐，惹得人类伤感"雄雉朝飞挟两雌，孤翁七十感之悲"（顾德基诗）；战国时便引发了卫侯女出嫁齐太子时，人未到可太子就死了的凄惨故事，音乐家则谱出了催人落泪的《雉朝雊操》。

除了爱的呼唤，雄野鸡的鸣叫便是有关物候的象征了。东汉蔡邕认为："雷在地中，雉性精刚，故独知之应而鸣也。"（《蔡氏月令》）春雷此时还隐藏在地中，但是体性精刚的雄野鸡能够最先感应到"地中雷隐隐"，正所谓"蛰雷阶动无人觉，嘤喔声声预得知"（明·顾德基《咏雉雊》）！从东汉初《春秋运斗枢》中所记的高宗武丁祭成汤、齐景公姜杵臼赋诗等记述看，最晚应在商晚期对"雉雊"物候的认识就成熟流行了。所以，《汉书·五行志》说："雉者，听察先闻雷声，故《月令》以纪气。"

腊月晨起，
以蒸饼卷猪脂食之，
终岁不生疮疥。
久服肌体光泽。

《琐碎录》

宋·夏圭（传）《月令图·雉雏》

寒绯樱

老柘叶黄如嫩树

寒樱枝白是狂花

"雉雏"的花信寒绯樱。寒绯樱学名钟花樱桃，又名绯樱、绯寒樱、钟花樱、山樱花、福建山樱花，为蔷薇科樱属观赏乔木或灌木。它生长于山谷林中及林缘，为落叶树种，茎干上的褐色横裂以及嘴唇般的皮孔，是枝干上提供气体进出植物的神秘孔道；叶卵形、卵状椭圆形或倒卵状椭圆形；花先叶开，呈钟状开放，粉红色；果实卵圆形，酸甜略涩。

寒绯樱具有很好的观赏价值，它植株优美漂亮，叶片油亮，花朵鲜艳亮丽，是园林绿化中优秀的观花树种，被广泛用于绿化道路、小区、公园、庭院、河堤等，绿化效果明显。中国最好的观赏地是台湾的阳明山，阳明公园全园遍植台湾原生山樱花和多种日本樱花约2400棵，其中最有名的是雾社种寒绯樱，花色为紫红至桃红，每年十二月中下旬开始，各种樱花次第开放，山樱的桃红艳丽，寒樱的粉红娇媚，吉野樱的淡粉色，都显得优雅雍容，形成繁花盛开的樱花巷景观，台湾原生种山樱和新培育的寒樱，成为在花季争奇斗艳的主角，每年举行的阳明山花季均能吸引满山人潮。

唐代大诗人白居易诗道："霜轻未杀萋萋草，日暖初干漠漠沙。老柘叶黄如嫩树，寒樱枝白是狂花。"（《早冬》）突出了寒绯樱傲视霜雪的"狂花"品性！

在野鸡也感到阳气的滋长而鸣叫之后数天，家鸡也随之登上物候舞台——"鸡始乳"。鸡在我国有四千余年的驯养史，被推为四大家禽之首，宋罗愿在《尔雅翼》中进而说："鸡有五德：首戴冠，文也；足傅距，武也；敌敢斗，勇也；见食相呼，仁也；守夜不失，信也。"竟将人的文武全才和仁、信、勇的品性，都赋予了鸡，足见鸡在古人心中的位置。

到了隆冬季节，物候观测物确实比起其他月份要少一些，从屋里屋外观察点的选取来看，可选的候应物也就只有一鸡了。不过，也并非全如此，既然有鸟出现，就一定有鸟扑食的生物；既然是冰天雪地，就有融或不融的变化。如要把目光向屋外选取，总是可以找到候应物的。物候观

宋·夏圭（传）《月令图·鸡乳》

母鸡冬孵

七十候鸡始乳

花信：春兰

大寒早出，
含酥油于口中，
则耐寒。

《便民要纂》

测把目光投向家里，应该与人在家避寒很少外出有关，也与鸡自身的生理活动有关。"鸡始乳"活动的重点就是"乳"。什么是"乳"？吴澄说："乳，育也。"显然把"乳"当作"哺乳"或"养育"，但鸡不能哺乳，鸡养育的方式也不是哺乳动物的方式，而是孵化，"鸡乳"就是鸡孵化。鸡孵化就是俗话说的"抱窝"，属于禽类的母性行为，家禽的胚胎发育是在母体外完成的，因此必须有母禽抱孵，胚胎的发育才能继续进行。母禽在产蛋一段时间后，体温升高，被毛蓬松，抱蛋而窝，停止产蛋。现代一般认为，大致在环境温度逐渐上升、产蛋量多的春末或夏季出现抱窝，时间是公历5、6月之际，母鸡脑垂体前叶分泌的催乳素增加，鸡舍气温逐渐升高，在窝内铺有垫草、光线较暗等情况下，就会开始抱窝。但是，古文献的记载是不一样的：《大戴礼记·夏小正》称"正月，鸡桴粥（鸡孵化养育）"，《逸周书·时训解》云"大寒之日，鸡始乳"，《礼记·月令》称"季冬之月，鸡乳"，《魏书》云"立春，鸡始乳"。把这些文献梳理一下就是两点：一是抱窝的时间矛盾，"鸡始乳"，《逸周书》是大寒，而《魏书》是立春，相隔半个月；"鸡乳"，《夏小正》是正月，而《月令》是季冬，时隔一月。二是抱窝分为两个阶段，即由"鸡始乳"到"鸡乳"。很明显，古人把抱窝都安置在季冬、正月这两个月，那么"鸡始乳"就在季冬再准确一点就是大寒，"鸡乳"就在正月开始的立春。

抱窝的时间为什么古代在冬春之际而现代在春夏之际呢？我们看看后魏农学家贾思勰《齐民要术·养鸡》所言："春夏生者则不佳。"为什么春夏之际孵出的鸡"不佳"，究竟有什么"不佳"，他有具体的说明："形大，毛羽悦泽，脚粗长者是，游荡饶声，产乳易厌，既不守窠，则无缘蕃息也。"这种鸡体型大，羽毛靓美，脚粗长，喜欢到处游走，喜欢叫，而且生蛋少而抱窝多，不利于扩展饲养。因此，除了外界环境外，或许古人有意改为冬春之际。时间一久，鸡也就适应了，所以"鸡始乳"时间相对确定，作为物候的标识也就更可靠。

"鸡始乳"，宋著名画家夏珪《月令图说》认为："抱其卵而善伏，犹且未孚，故曰'始乳'。"母鸡此时是开始出现有抱鸡蛋、喜伏窝的表现，但是还没有真正抱窝，所以才说"始乳"。通俗简单的一句话就是：母鸡开始抱窝了。

春兰

冰根碧叶杂荒芜
晓露迎晖缀宝珠

"鸡始乳"的花信是春兰。春兰别名朵兰、扑地兰、幽兰、朵朵香、草兰等，为兰科兰属地生植物。春兰在中国有悠久的栽培历史，是最古老的花卉之一。分布于陕西南部、甘肃南部，以及华东、华南、西南、华中等地。它生长于海拔 300—2200 米的多石山坡、林缘、林中透光处。其花色泽变化较大，通常为绿色或淡褐黄色，且有紫褐色脉纹，具有沁人心脾的幽香。

王象晋《群芳谱》称："春兰花生叶下，素兰花生叶上，至其绿叶紫茎，则如今所见大抵林愈深，而茎愈紫尔。"它绿叶紫茎，花色缤纷多变，有特别幽雅的香气，因而多进行盆栽，作为室内观赏用，唐太宗有"春晖开紫苑，淑气媚兰汤"之赞。宋代许多诗人曾将春兰写进诗中，有爱其芬芳的，如李新《古兴》诗："春采中洲兰，秋采芙蓉芳。芙蓉以为衣，春兰佩其香。"有爱其优雅姿态的，如苏轼《题杨次公春兰》："春兰如美人，不采羞自献。时闻风露香，蓬艾深不见。丹青写真色，欲补离骚传。对之如灵均，冠佩不敢燕。"

春兰除了观赏之外，它的根、叶、花均可入药。

"征鸟厉疾"，在《逸周书》《唐月令》中说法不一，作"鸷鸟厉疾"（或"鸷鸟厉"）。"征鸟"的"征"是指正常的行走或远行，既可以指远飞的鸟，如征禽、征雁等，现代植物学家胡先骕有"目断流云，心随征鸟，海天盼煞飞鸿"（《高阳台·和晓湘见赠即步元韵》）的词句，也被用来特指鹰隼之类。《礼记·月令》有"季冬之月，征鸟厉疾"，郑玄注："征鸟，题肩也；齐人谓之击征，或名曰鹰。""题肩"是蹲驻主人肩上的猎鹰，"击征"是捕杀猎物的鹰，所以"征鸟"就是鹰，孔颖达、陈澔、吴澄等就都沿用了。"鸷鸟"的"鸷"本身有捕杀（鸷击）、腾飞（鸷腾）的意思，这些只有鹰类鸟才具有的特性，因而"鸷鸟"就可以直接指代鹰了。但根据少数服从多数的原则，也就沿用"征鸟厉疾"。

无论是"征鸟厉疾"还是"鸷鸟厉疾"，实质就是鹰在本年度的最后一搏了！首先，自萧秋七月起至此严冬十二月末，"纵逸凌九天"已长达五个月，鹰体力、精力消耗过多，亟须补充；其次，时处腊月酷寒，鹰亟须补充的食物显著减少！"有时发清啸，四山生寒姿。天际征鸟疾，木杪惊猿窥。回飙激长林，浮云乱层溪"（明代王立道《题石厓卷二首·其二》），鹰盘旋于空中到处寻找食物，以补充身体的能量抵御严寒，可往往四处搜寻而不得，或"有时发清啸"，或"回飙激长林"，情境颇具悲壮！长驻西部荒漠的鹰相对幸运一点，这里有众多啮齿目的鼠兔、黄鼠、跳鼠等，可供捕食，有时"饥鹰入山猛如虎，掠过松梢攫飞鼠"（清·查慎行《青莲谷青莲寺》），还可以到附近山林，捕食飞鼠！这一搏之后，鹰就会进入次年芳春化鸠的涅槃时期了。

鸷鸟冬伐

七十一候征鸟厉疾

花信：鼠麹草

十二月二十五日，
夜煮赤豆粥合家食之，
出外者留之，
名曰口数粥，
能祛瘟鬼。

《田家五行》

宋·夏圭（传）《月令图·征鸟厉疾》

鼠麹草

深挑乍见牛唇液
细掐徐闻鼠耳香

"征鸟厉疾"的花信是鼠麹草。鼠麹草又叫鼠耳草、鼠耳、无心、香茅、蚍蜉酒草、黄花白艾、佛耳草、茸母等，李时珍《本草纲目·鼠麹释名》辨鼠麹草之名说："鼠耳言其叶形如鼠耳，有白毛蒙茸似之，故北人呼为'茸母'，佛耳则鼠耳之讹也。"因为它的叶片从形状到毛茸茸的特征，都和老鼠的耳朵相似，因此这种草还有个别名叫"鼠耳"；至于"麹"，本意就是用粮食酿酒时所用的酒曲，鼠麹草花的黄色和酒曲类似，所以民间干脆也把这种植物称为"米麹"。鼠麹草茎直立，茎基部常分枝，全株密被白色柔毛。春夏季间盛开淡黄色花，头状花序顶生，密集成伞房状。它广泛分布于华东、中南、西南及河北、陕西、台湾等地，常见于路旁、田野、草丛中，观赏价值不高。

鼠麹草主要有两个作用，一是食用，二是药用。唐代皮日休有诗描述："杖摘春烟暖向阳，烦君为我致盈筐。深挑乍见牛唇（即泽泻）液，细掐徐闻鼠耳香。紫甲采从泉脉畔，翠牙搜自石根傍。彫胡饭熟馄糊软，不是高人不合尝。"（《鲁望以躬掇野蔬兼示雅什用以酬谢》）好友陆龟蒙送了他一大筐鼠麹草等野菜，他拿一部分做饭、做羹，可能还想做青团或粿糕，鼠麹草还可以煮水喝、蒸着吃，这就是"食用"；另外泽泻、假连翘（即山紫甲、小花紫藤）、绿茶尖等又可以药用，尤其是鼠麹草具有很高的医药价值。据《天宝本草》《本草拾遗》《药类法象》《现代实用中药》《南京民间药草》等古今医药书，它有化痰、止咳、祛风寒的效用。

"水泉动"过去一个月了，全年的最后一候"水泽腹坚"也就到了。水泽是河湖沼泽的统称，陈澔《礼记集说》对"水泽腹坚"的总体解释是："冰之初凝惟水面而已，至此则彻，上下皆凝，故云腹坚。腹，犹内也。"俗话说"冰冻三尺非一日之寒"，确实有理而符合实际！"冰之初凝"是指水始冰之冰，这个冰就是水面上如纸一般的冰，是名副其实的薄冰，但经过105天的持续增寒，河湖沼泽的冰绝大部分上下都已经凝结而成了，也十分坚硬。

唐代文学家王起《履霜坚冰至赋》对"水泽腹坚"的描述是："霜之履兮白商应，冰之坚兮元律分。其履也结之寒露，其坚也蠹若长云。""水泽腹坚"的过程就是从严霜到坚

水凝冬凌

七十二候水泽腹坚

花信：款冬

宋·夏圭（传）《月令图·水泽腹坚》

孙真人曰：
是月土旺，水气不行，
宜减甘增苦，
补心助肺，调理肾脏，
勿冒霜雪，
勿泄津液及汗。
初三日宜斋戒静居，
焚香养道，吉。

《遵生八笺》

冰不断厚坚的过程，时间从季秋的寒露开始到冬季的大寒，时节气候就是从有寒意到极寒；"渐皑皑于葛屦之下，将皎皎于玉壶之里"。严霜常被人们踩在脚下，坚冰则被采集藏于玉壶，供帝王夏季享用："暨夫变化无朕，坚刚有期。律移缇幕之候，辰当黑帝之司。由是璀璨无积，清明自持。则丰山古钟，不春容而鸣矣；邺台旧井，可皎洁而藏之。此所谓坚冰之时也。"虽然从严霜到坚冰的变化，没有什么征兆，但还是有规律可循；时辰属于北方黑帝，乐律合乎终结缇幕，因而能够清明璀璨；从丰山知霜的古钟到邺台纳冰的旧井，这就是坚冰的时间；"冰因乎厚地，霜本乎高天"，这是严霜与坚冰的渊源差异；"求已者知霜冰之言理有渐，周身者知霜冰之防于未然"，这是严霜与坚冰修养的差异。赋通过严霜与坚冰的描述、对比，揭示了其各自的特质。

明代顾德基《咏水泽腹坚》诗阐释了"水泽腹坚"出现的时机："冬律初穷冰有权，河心涸冱少泽泉。"描绘了其形态："凌阴采斫藏三日，车乘纵横碾百川。尽道西风增雪壮，渐从北陆履霜坚。"肯定了其承转的特殊地位："六华一夕驱寒气，只待春光到水边。"

"水泽腹坚"的花信是款冬。款冬又名九尽草、虎须、冬花、款冬花，菊科款冬属多年生草本植物。原产中国，栽培历史悠久，早在《尔雅》中就有了记载，生于山谷湿地或林下，广泛分布于东北、华北、华中、华东、西南、西北等地。宋代罗愿的《尔雅翼》对款冬历史文献作了考述："郭氏曰'款冻也，紫赤花，生水中'，盖款冻叶似葵而大，丛生，花出根下。十一、十二月雪中出花。《述征记》曰：'洛水至岁凝厉，则款冬茂，悦层冰之中。'盖至阴之物，能反至阳。故《玉札》畏款冬也。《楚辞》曰：'款冬而生兮，凋彼叶柯。'万物丽于土，而款冬独生于冻下。百草荣于春，而款冬独荣于雪中，以况附阴背阳，为小人之类。至傅咸作《款冬赋》，称其'华艳春晖，既丽且殊，以坚冰为膏壤，吸霜雪以自濡'，则又赏其禀精淳粹，不变于寒暑，为可贵，所取义各异也。"涉及的文献有西汉末王褒的《九怀》、西晋傅咸的《款冬赋》、两晋之间郭璞的《山海经注》、东晋末年郭缘生《述征记》、北宋张君房的《玉札》等，足见款冬的历史及其地位。提到款冬的形态特征，是丛生，叶如葵花，花色是紫赤，习性是生冰雪之中，花期是"十一、十二月"。习性基本是对的，其他的有欠准确。苏颂在《本草图经》中记述更为简要：款冬花"根紫色，茎紫，叶似草，十二月开黄花青紫萼，去土一二寸，初出如菊花，萼通直而肥实，无子……又有红花者，叶如荷而斗直，大者容一升，小者容数合，俗呼为蜂斗叶"。款冬褐色根状茎横生地下，根和茎都是紫色；叶似荷叶，宽心形或肾形，长3—12厘米，宽4—14厘米，所以才能够装下"一升"或"数合"东西；花色以黄色为主，兼有红色（也有紫赤）、白色；它的物候花期则是农历十二月，三国魏吴普《吴氏本草》说得很明确："款冬，十二月花，花黄白。"西晋《西京杂记》卷五称："葶苈死于盛夏，款

对酒又吟端木叶

论诗还忆款冬花

冬华于严寒。"当然由于地域不同也就气候有差异,早一点就是"十一月",晚一点就是正月。

款冬花开于严寒之际、缺花的十二月,就具有特殊的观赏价值。它枝叶翡翠碧绿,头状花序,单一顶生,花形线条明快,花色丰富,非常适宜于作露地地被植物栽培,也可盆栽。所以西晋文学家傅咸称:"冰凌盈谷,积雪被崖。顾见款冬,烨然始敷。"清代钱涛也感叹道:"真难得,款冬花,三冬独茂!"(《百花弹词》)

据《药性论》《医学启源》《本草述》《长沙药解》等记载,款冬花蕾及叶均可入药,性辛、甘、温,归肺经,有止咳、润肺、化痰之功效。据《农政全书》等记载,款冬还有食用、养生价值,可采嫩叶,煠熟水浸淘,去苦味,油盐调食,也可以蜜制款冬茶等。